U0020449

精心設計果形、果色檢索表與產季速查表，讓你聰明選購當季水果

世界水果圖鑑

貓頭鷹

目次

作者序

　　水果含有維生素、礦物質、有機酸等營養成分，鮮食有益健康，加工乾製也很可口，是日常三餐不可或缺的食品。台灣的果樹資源幾乎都引種自海外，歷經多年的選種改良，精進栽培技術，種類與品種豐富多樣，四季不缺，遠運外銷，為重要商品。

　　一般的水果書籍，大多局限於台灣現有的，依產期、產地、栽培技術、營養成分、烹調利用來介紹。貓頭鷹的編輯們希望做一本與眾不同的「世界級」水果圖鑑，要求達到以圖鑑別的功能，介紹哪些國家有經濟種植，產期與花期不可少，一般人認定的水果全收，堅果與較少食用的樹酯加入，不能太空洞，要有去背用照片……格局很大，300多頁根本放不下，簡短的指令讓我頭疼好久。衡量製作時間與成本，若從重要果樹栽培史、地理分布、各國產銷概況切入，結合葉、花、果特徵照片，應屬可行，至少在華文書裡尚無前例，外文書籍中也很少見。

　　在緒論中，我先概述各大洲的地理與氣候環境、原生的果樹種類與資源，介紹農業大國的常見水果（盡量包括從前和現在），再淺談台灣的引種，並引用聯合國糧食及農業組織（FAO）官網最新的統計數據，概述世界各國的產銷與進出口狀況。

　　在個論中，台灣有經濟栽培、FAO有統計的一定要有，台灣曾引進試種的水果、重要的堅果、乾果與種子類果樹也盡可能納入。然而，各國的水果互不相同，產期各異，順序如何安排？依編輯群的高見，按照植物分類科別英文排序，好處是同科屬的果樹特徵較為相近，放在一起，會發現它們原來有親緣關係，進而推測其適合的氣候環境。書末的附錄是依據FAO官網製作並整理簡化的統計數字，若有需要，讀者可以上網查詢（http://www.fao.org/faostat/zh/#data/QV）。雖然無法包羅萬象，仍能粗略了解世界各國出產的水果、國際間的貿易，進而瞭解整個地球村的產銷趨勢與市場供需。

　　筆者無法親臨各國一一探訪果樹栽培盛況，鉅細靡遺介紹各地特產，才學不足疏漏亦多，尚祈愛好者不吝指正。也希望您旅行世界時，能以新奇愉悅的心情瞧瞧農場樹上的花果，逛逛果菜市場、農夫市集或生鮮超市，留意餐桌與菜單，並樂於品嘗當地的水果，比較一下和台灣有何不同，相信必能開拓全新的視野，留下難忘的美味經驗。

郭信厚

緒論

壹、果樹的起源與分布

　　作物栽培為人類最早的成就之一，當作物被人為馴化，栽種於控制的環境下，不須依賴狩獵或採集而生，食物來源穩定，人類得以安居，才有餘力促進文明進步。

　　最初的栽植行為可能是無意間發生的，野生植物的採集食用也不因此停止。大約1萬年前冰河期結束，氣溫回暖，海平面升高，一些獵物逐漸絕跡，森林逐漸消退，促使先民發明農具，在較為鬆軟的土地耕犁，出現定居型農業，多餘的食物則以人獸舟車搬運交換或販售。氣候與風土環境會影響植物的分布，不同地域的居民採集的植物與栽培的作物也有所差別，飲食文化因此多元呈現。木本果樹比較高大，栽培技術比一年生糧食作物或蔬菜困難，因此被人類馴化的年代比較晚，種類也少很多。

一、起源中心的研究：

　　從墓葬中發現的種子與作物殘體、石刻、壁畫，可大致推測作物馴化栽培的年代，若有文獻記載更能佐證種類、栽培與加工應用方法。目前普遍認同最早的農耕出現於中東兩河流域一帶。在果樹中，中東一帶最早出現的應該是無花果、海棗、油橄欖與葡萄，羅馬帝國亦很早即栽培西洋梨。黃河流域以棗、李栽培較為悠久，桃、杏、栗也很早被食用。其他古文明也都有其特有的果樹，例如印度的芒果，馬雅與阿茲特克的酪梨。然而大部分的早期民族沒有留下足夠的證據，不易探查當初的果品種類、向外傳播

藏於美國紐約大都會藝術博物館的紙上蛋彩畫〈Sennedjem and lineferti in the Fields of laru〉（1295-1213 BC）。圖中的古埃及人耕犁、種植海棗、收割麥子。

路徑，只能從其他方法來推測。

　　19世紀法國的植物學家康杜爾（de Candolle）首先在《栽培植物之起源》一書探討作物的起源地，分為舊大陸與新大陸各三項，但當時僅有巴黎自然史博物館及英國皇家植物園的典藏資料可供參考，他未曾親往世界各地考察，其論述不夠全面也偶有錯誤。

　　其後蘇聯學者瓦維洛夫（Nikolai Vavilov）留學英國，在康杜爾父子建立的理

Jim Pruitt/Shutterstock.com

1987年蘇聯發行的紀念郵票，表彰瓦維洛夫的貢獻。

瓦維洛夫描述的八大起源中心

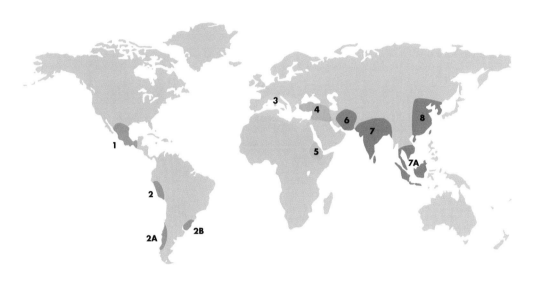

(1) 墨西哥—瓜地馬拉;(2) 祕魯—厄瓜多—玻利維亞;(2A) 智利南部;(2B) 巴西南部;(3) 地中海;
(4) 中東;(5) 衣索比亞;(6) 中亞;(7) 印度—緬甸;(7A) 泰國—馬來亞—爪哇;(8) 中國。

論基礎上繼續研究,並組織一群遠征隊,先後到訪60餘國進行180多次的考察與採集,帶回30多萬份的作物標本和種子(其中12,600多份為果樹),以科學方法鑑別其種類,運用地圖探討其分布情況,發現物種的分布並不平均,於是在1926年出版《栽培植物起源》闡述四大起源中心的理念,之後修正為八大起源中心,後人稱之為瓦維洛夫中心。此學說提出後,許多學者繼續研究,1970年蘇聯的茹可夫斯基增加為十二大起源中心,另有學者提出十個中心、三個中心等不同觀點,範圍略有差異。

起源中心具有多樣性的物種,適於人類的選擇和馴化,作物種類多,近源種豐富,可視為農業文明的發源地。

果樹的生育期長,選拔過程相當緩慢。最初的野果型體小、果肉少、口感欠佳。由於生物本身具有遺傳變異性與環境適應性,經過長期的人為繁殖、篩選,經濟價值逐漸提高,栽培技術日益精進,由播種繁殖進步為扦插、分株、嫁接或壓條繁殖。起初大多植於園圃邊角或屋舍四周,位居糧食、蔬菜之外的配角地位,慢慢擴大栽培,型體口感都已和野生時不同,利用價值提升,充分表現栽培的成果。並隨著戰爭、貿易、宗教等活動向外散播,在氣候不一定與原產地相似的環境下重複上述過程,並發展出新的品種型。

在地理隔閡、交通不便、保鮮技術不進步的年代,絕大多數的生鮮水果只侷限在特定區域內生產與消費,果乾與堅果含水率較低,較適合保存,適合運送販售。但是古人可選擇的水果實在不多,對窮苦百姓而言更屬

茹考夫斯基描述的十二大起源中心

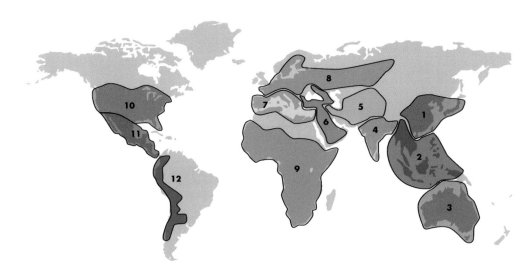

(1)中國—日本;(2)東南亞;(3)澳洲;(4)印度;(5)中亞;(6)西亞;(7)地中海沿岸;
(8)歐洲、西伯利亞;(9)非洲;(10)北美洲;(11)中美洲;(12)南美洲。

奢侈品。如果說張騫通西域對中國的蔬果引種有重大貢獻，新大陸的發現無疑是農業史上重要的轉捩點，許多西半球的新興作物被引進歐洲，隨著海權時代輾轉來到東方，而舊世界改良後的作物亦來到美洲，歐洲列強的殖民地經濟政策大幅改變農業生產結構，對經貿發展、日常生活飲食也有深遠影響。

二、原生地概述：

瓦維洛夫的作物起源論述普受學術界的推崇，對後來的作物分類、引種馴化、遺傳育種奠立良好的基礎。他在41歲成為蘇聯科學院最年輕的院士，並在列寧格勒（聖彼得堡）創立世界上第一座種子銀行。可惜後來遭到抹黑，在史達林統治下，以破壞蘇聯農業的名義被捕，竟因營養不良死於獄中，後來得到平反。該種子銀行保存許多穀類作物的種子，目前仍是歐洲最大的水果和漿果銀行，並種植了一百多種不同的草莓、醋栗，數百種蘋果、西洋梨、歐洲李。許多國家都會要求提供種子或種原交換，作為培育新品種之用。

茲將先賢起源中心學說提及的果樹，與後續學者發現的重要果樹原生地整理如後。其中有些果樹野生種頗多，分布廣泛，例如蘋果、梅、懸鉤子（覆盆子類）、核桃、越橘等屬的果樹為北半球溫帶所常見，故重複出現於不同中心。部分起源中心的地理位置頗為分散，例如東南亞中心、地中海中心及南美洲中心。中心周邊相信還會有許多尚待發掘利用的種類，為當地人長期以來採集利用的季節性私房果樹，具發展潛力。若把視野放大，不局限於學說界定的疆域，果樹資源將數倍於

前。探索果樹原生地十分有趣，也很實用，因為相關的親緣植物可以作為抗病、抗逆境的育種材料。有時會出現不同的論述，實賴專家學者以最新證據進一步釐清。

(1) 中國、日本中心：

以華北平原（中原）為中心，四周為黃土高原、青藏高原，南方為長江中下游與東南丘陵，茹可夫斯基將朝鮮半島、日本亦納入本中心。屬於溫帶氣候，四季分明，降雨集中於夏季，愈往內陸雨量愈少，緯度愈高植物生長季愈短。為種類最多的起源中心，約有果樹53種。

國人熟知的傳統果樹大都起源自本中心，例如蘋果屬（山荊子、海棠、林檎等）、梨屬（沙梨、白梨、秋子梨等）、梅屬（桃、李、梅、杏、中國櫻桃、毛櫻桃、郁李等）、山楂屬、懸鉤子屬、木瓜屬、枇杷屬、薔薇屬（刺梨等）、棗屬（紅棗）、枳椇、柿屬、板栗屬、獼猴桃屬（奇異果）、柑橘屬（枸櫞、桶柑、文旦、柚子、溫州蜜柑、香橙、宜昌橙等）、金柑、枳殼、黃皮、龍眼、荔枝、橄欖、蘋婆、楊梅、桑屬（桑椹）、桂木、葡萄屬、山核桃、越橘屬、木通屬、胡頹子屬、七葉樹、五味子、榛屬、桃金孃、沙棘、茶藨子屬等。以及裸子植物中的銀杏、香榧、紅松等。

(2) 東南亞中心：

北方接近雲貴高原，冬季較冷，海拔高度由北往南降低，最南端已跨越赤道，大河源自北部的青藏高原。山谷交錯，近海處有沖積平原，島嶼眾多，終年高溫，5～10月為雨季，11～3月降雨較少，乾濕季分明。菲律賓、越南一帶多颱風；印尼、菲律賓多地震與火山活動。雨林廣布，物種豐富度僅次於亞馬遜盆地。

代表性物種如榴槤屬、福木屬（山竹屬）、紅毛丹屬（紅毛丹、山荔枝等）、麵包樹屬（麵包樹、波羅蜜、小波羅蜜、香波羅等）、芒果屬、黃酸果、庚大利（美女芒）、柑橘屬（柚子、檸檬、萊姆、馬蜂橙等）、蘭撒果、蒲桃屬（蓮霧、水蓮霧等）、楊桃屬（楊桃、木胡瓜）、橄欖屬（菲島橄欖、爪哇橄欖）、馬錢果、羅比梅、蘋婆屬、喃喃果、木奶果屬、香波、芭蕉屬（香蕉、大蕉）、椰子、水椰子、扇椰子、蛇皮果屬、檳榔、糖棕、甘蔗等。以及裸子植物中的買麻藤等。

(3) 澳大利亞中心：

茹可夫斯基所提出。為最乾燥的大陸，地形相對較為平緩，西半部多為沙漠或少雨區，中部為草原，均人煙稀少。東部有較高的山脈，東南部沿海降雨較多，北部是熱帶草原，東北部為熱帶雨林。最重要的原生果樹為澳洲胡桃，其他原生者如麵包樹、費氏欖仁、椰子、栗豆樹、澳洲蕉等。

(4) 印度中心：

北方以喜馬拉雅山與青藏高原為屏障，冬季寒流不易南下。印度河流經西北，恆河橫貫其間，與雅魯藏布江共同沖積出世界最大的三角洲平原，再往東為緬甸。南方是印度半島，海外為斯里蘭卡。雨量由西北部的沙漠往南部的雨林遞增，夏季的西南季風常帶來豐沛雨量，氣候濕熱，乾雨季明顯。

物產豐富，為學說中種類次多的起源中心，原生重要果樹如芒果、印度棗、羅望子、柑橘屬（甜橙、椪柑、柚子、萊姆、酸橙、木蘋果、硬皮橘等）、錫蘭橄欖、錫蘭醋栗、蘋婆屬、第倫桃、油柑、木奶果、波羅蜜、山陀兒、福木果、芭蕉屬、扇椰子、水椰子等。

(5) 中亞中心：

除伊朗高原鄰近波斯灣，其餘均為內陸

區，為歐亞大陸地理中心，古絲路必經路域。降雨不多，氣候較乾燥，日夜溫差大，天然植被大多為稀樹草原與溫帶草原。

原生許多知名的溫帶果樹，如蘋果屬、梅屬（杏、酸櫻桃、巴旦杏等）、山楂屬、榲桲、梨屬、開心果、核桃、歐洲葡萄、沙棘、桑屬、榛屬、君遷子等。

(6) 西亞中心：

美索不達米亞（意思是兩河之間）盆地的地勢平坦而水資源豐富，每年大河氾濫後留下肥沃的土壤，連接至地中海東岸，自古被譽為「肥沃月彎」，四周有季節性落葉森林。靠近黑海一帶氣候較為溫和濕潤，南方為沙漠或石漠遍布的阿拉伯半島，除少數點綴的綠洲之外，大多終年乾燥少雨。

重要的原生果樹如油橄欖屬、蘋果屬、西洋梨、榲桲、梅屬（黑刺李、歐洲李、甜櫻桃、酸櫻桃、杏、巴旦杏等）、山楂屬、歐洲葡萄、無花果、核桃、沙棘、甜瓜、安石榴、桑屬、歐洲栗、榛屬、稻子豆、開心果、海棗等。

(7) 地中海沿岸中心：

南歐三大半島是歐洲野生植物資源最豐富的地方，此區域還包括北非沿岸、尼羅河近海下游、亞洲西海岸。屬於溫帶氣候，夏季漫長、乾熱而陽光充足，沿海地區有夾帶濕氣的晨霧，冬天為雨季，偶爾會飄雪。

原生的植被較為耐旱，重要原生種如油橄欖、歐洲葡萄、山楂屬、西洋梨、巴旦杏、核桃、無花果、歐洲榛、歐洲栗、稻子豆、摩洛哥堅果、歐洲山茱萸、海棗等。以及裸子植物中的義大利石松、杜松等。

(8) 歐洲、西伯利亞中心：

茹可夫斯基所提出，從壯麗的阿爾卑斯山以北，來到冬寒的東歐平原，往東延伸進入遼闊的西伯利亞，漫長的冬天陽光不足，積雪甚厚，夏天缺乏水氣調節故略顯炎熱而日夜溫差大。

本中心重要的果樹資源如蘋果屬、西洋梨、梅屬（甜櫻桃、酸櫻桃、歐洲李、黑刺李等）、山楂屬、草莓屬、懸鉤子屬（覆盆子）、歐洲栗、核桃、醋栗屬（歐洲醋栗、穗醋栗）、歐洲葡萄、越橘屬、歐洲榛、歐洲七葉樹、沙棘等。裸子植物以西伯利亞雪松為代表。

(9) 非洲中心：

瓦維洛夫所指為非洲東北部的衣索比亞一帶，列舉的果樹僅西瓜、甜瓜，茹可夫斯基則將撒哈拉以南納入。撒哈拉沙漠原本有豐富的水源，大約在5,000年前開始逐漸乾燥，和南部的納米比亞沙漠、喀拉哈里沙漠都很少下雨，日夜溫差極大，偶爾出現綠洲。沙漠周邊為遼闊的稀樹草原。中部非洲為廣大而潮濕的赤道雨林，西部沿海有面積不大的熱帶平原。東部非洲以高原與地塹為主，山頂長年積雪，大型湖泊較多。

本中心大多為熱帶或亞熱帶果樹，重要者如咖啡屬、羅望子、西瓜、甜瓜、洛神葵、神秘果、猢猻木、猿喜果、乳油木、可樂果、錫蘭醋栗、刺馬錢、刺角瓜、芒綠果、無花果屬、愛貴果、番荔枝屬、象腿蕉、油棕、海棗屬等，以及許多未曾聽聞，至今為半野生，較少經濟栽培的果樹。

(10) 北美洲中心：

茹可夫斯基提出。北方是遼闊的草原、灌木林與針葉林，冬季漫長又寒冷。洛磯山脈以西為較乾燥的高原與盆地，靠近墨西哥一帶為沙漠。內華達山脈以西的谷地屬於地中海型氣候，哥倫比亞河下游為夏涼氣候且空氣較潮濕。洛磯山脈以東至密西西比河之間為

廣大的平原，土壤肥沃，為世界重要的糧農作物產地，夏天襖熱，冬季寒冷，地形開闊，時常有龍捲風。阿帕拉契山脈以東至大西洋岸則有潮濕的冬季，東南部已接近亞熱帶。

本中心的原生重要果樹有美洲葡萄、美洲柿、美洲李、草莓屬、黑莓、拉馬克唐棣、美洲栗、美洲醋栗、美洲胡桃、核桃屬、桑屬、越橘屬（藍莓、蔓越莓）等。裸子植物中的單針松、洛磯山核果松的種子亦可供食用。

(11) 中美洲與墨西哥中心：

大多為高原與山脈，東海岸有狹長平原，從北部沙漠中的仙人掌到南端濕熱的雨林，植物相變化很大。火山、地震與颶風等天然災害頗多，土壤肥沃，物產亦豐。

本中心代表性果樹如美洲胡桃屬、仙人掌類、猴胡桃屬、人心果、星蘋果、蛋黃果、番石榴、酪梨屬、蕳西果、蜜果、番荔枝屬、木瓜、馬拉巴栗、葡萄柚（後期才有）、白柿、黑柿、西印度櫻桃、蓬萊蕉等。

(12) 南美洲中心：

學說中僅包括安地斯山區、智利中部與巴西南部，但可能學者未曾深入叢林，因此並未涵蓋物種豐富的亞馬遜流域，據估計此處的高等植物至少35,000種。縱貫全境的安地斯山脈形成於6,500萬年前的板塊運動，沿著太平洋岸南北延伸7,000餘公里，影響南美洲的氣候甚鉅，許多山峰高達3,000～6,000公尺，儘管位於赤道也是終年積雪，太平洋岸僅有狹窄的平原。安地斯山脈西坡至亞馬遜一帶的年降雨量雖多，但部分地區仍有漫長的乾季。此地區的植物種類高達全球15%，果樹資源亦待開發。智利中部屬於地中海氣候型，空氣較為乾燥。東南方是較不潮溼的巴西高原，部分山區冬天會下雪。南部為廣大丘陵與平原。

已知重要果樹資源如草莓屬、番茄屬、南美香瓜茄、番荔枝屬（釋迦、冷子番荔枝、牛心梨等）、羅林果屬、福木屬（恰恰山竹等）、木瓜、加洛瓜、腰果、火龍果、猴胡桃屬、巴西栗、鳳梨番石榴、嘉寶果屬、黃晶果、蛋黃果、可可屬、西番蓮屬（百香果等）、臍橙（後期才有）、卡利撒、瓜拿納、印加豆、莓櫚、栗椰子、鳳梨屬等，以及被智利人視為國寶的智利南洋杉等。

起源中心大多彼此以山川、沙漠或海洋相隔，在交通不便的古代，大多獨立發展各自的農作物。隨著經貿交流普及，果樹的原產地早已不一定就是該果樹生產的重心。日本的甜柿、蘋果、葡萄，拉丁美洲的咖啡、香蕉，美國加州的巴旦杏、開心果、桃、李，華盛頓州的甜櫻桃，無一不是從國外引進而發揚光大。番茄原產於南美洲，端上餐桌不過一百餘年的歷史，現今產量以中國為最大。香蕉原產於東南亞，目前以中南美洲栽培最盛。奇異果（獼猴桃）原為中國特產，卻一直等到紐西蘭發揚光大才行銷全球。這些果樹能夠在新天地栽培興盛，氣候環境、品種改良、栽培技術、經貿發展與市場供需等因素缺一不可。

貳、世界果樹生產概況

　　各大洲的風土氣候不盡相同，原生的果樹各異其趣，大多數的水果都不為外人所知，幾乎侷限於地區性消費，成功跨越國界為普世消費者喜好的種類很少，僅適合長期運輸與加工處理後風味猶存的品種才有機會名揚海外。由於水果的營養豐富，需求與日俱增，各國都很重視果樹的栽培、生產與行銷。不但積極創新品種，改善栽培技術，利用設施栽培或善用海拔溫差生產不同氣候型的果樹，以求提高產量、改善品質、建立品牌。

　　茲將各大洲主要國家的重要果樹臚列如下，並根據聯合國糧食與農業組織（FAO）的統計數據，將產量等排名順序一併介紹：

一、亞洲：

　　為世界第一大洲，果樹栽培歷史悠久，產量為世界之首，約為全球四成，熱帶、亞熱帶、溫帶果樹均有盛產。略分為5個區域概述：

（一）東亞：

（1）中國：為世界主要的糧食生產國，產量約佔全球四分之一。估計全世界約有60餘科2,800餘種果樹，主要果樹約43科104屬294種，中國栽培的至少有58科380種，並緩慢增加中，為世界最大的果樹生產國。三千年前黃河流域已開始果樹栽培，華南的柑橘、荔枝、龍眼、枇杷也有二千年栽培歷史。漢朝時並從西域引進葡萄、安石榴、核桃。栗子的產量佔全球83%、柿子佔72%、梨佔67%、西瓜佔66%、桃、李各佔57%、甜瓜佔53%、柚子和葡萄柚佔51%、奇異果、核桃各佔50%、蘋果佔49%、草莓佔40%、番茄佔32%、葡萄佔17%，其餘如柑橘、枇杷、荔枝、紅棗、橄欖、黃皮、楊梅、梅、中國櫻桃、銀杏、核果類的產量亦均為世界之冠。龍眼、橙類、榲桲、芒果和番石榴、香蕉為世界第二，開心果、甘蔗、檸檬和萊姆為第三，榛果、鳳梨、巴旦杏、酪梨、海棗、無花果、甜櫻桃、咖啡豆、椰子、杏、枳椇、安石榴、核果類、堅果類、漿果類等也都是名列前矛。但因內需極大，外銷並不多，僅蘋果、栗子、梨的出口量為世界第一。

（2）日本：主要由四個大島組成，山地多平原少，四季分明，南邊較溫暖，夏季有梅雨及颱風。自古即有原生樹果有日本栗、山毛櫸、七葉樹、四照花、桑椹、楊梅、胡頹子、榕屬、木通、郁子、胡桃屬、五味子、懸鉤子、枳椇、日本榧樹、羅漢松、紅豆杉等。大化革新之後從中國引進桃、李、梅、杏、柿、棗等果樹，促進飲食文化的發展，經過選拔改良，甜柿、蜜柑、桃、梅、杏、枇杷、梨、銀杏等反而成為日本特產，明治維新後，甚至被引種到西方國家。在德、美等西方農業學者指導下，建立農業試驗場、農業學校，延攬師資教授新知，生產技術精進，引進蘋果、甜櫻桃、草莓、葡萄、奇異果、水蜜桃、西瓜並改良推廣。柿（甜柿）產量為世界第四，栗子、草莓、奇異果、梨、杏、桃、無花果、蘋果、甜櫻桃、甜瓜、番茄、李、枇杷、葡萄、蜜柑的質量俱佳。因為經濟繁榮，消費者亦追求高品質農產品，形成許多特定地域才有的農特產。

（3）韓國：自古即盛產松子且品質最佳。南

韓的柿子產量為世界第三，栗子為第四，並生產草莓、梨、桃、奇異果、李、西瓜、甜瓜、蘋果、葡萄、柑橘、枳椇等。北韓的栗子、梨、蘋果也有頗多的產量。和大多數溫帶國家一樣，進口量最大的水果為香蕉，約佔總進口水果的三分之一。

(4) 台灣：原生的果樹資源很少，開發成產業的大概只有愛玉子、台灣香檬。現有果樹許多是先民渡海開墾時自中國華南引進，後來的日本政府為發展亞熱帶農業，煞費苦心的自熱帶美洲、東南亞引進各式果樹。光復後，國民政府為改善農村經濟，曾有計畫引種。經過品種改良、改進栽培技術或產期調節，一年四季都有生產水果。愛玉子僅台灣商業栽培，產量堪稱世界第一，檳榔為世界第五，柿子為第八，並盛產鳳梨、木瓜、梨（高接梨）、芒果、番石榴、甜瓜、番茄、桃、葡萄、西瓜、火龍果，香蕉已跌至第43名。各式柑橘、印度棗、蓮霧、釋迦、鳳梨釋迦、火龍果、楊桃、百香果、荔枝、龍眼被列入「柑橘類」、「葡萄柚（包括柚子）」、「新鮮水果」、「熱帶新鮮水果」、「漿果類」、「核果類」等品項，未個別計算。FAO將台灣的「梅」當成「杏」，產量為世界第29；將「橄欖」當成「油橄欖」，產量為第32；台灣並無栽培「醋栗」，出口量和金額卻高居世界第4；近年來很夯的咖啡豆產量為「0」，明顯有誤。最大宗的出口水果是鳳梨、釋迦、芒果。自從政府開放觀光及外籍配偶來台後，許多東南亞的熱帶水果陸續引進台灣，不但種類變多，量產也似乎指日可待。

(二) 東南亞：

自古即盛產芒果、榴槤、山竹、椰子、香蕉，並以棕櫚科植物的漿液釀酒、製糖。16世紀起歐洲列強的勢力逐漸入侵，19世紀更形加劇，土地大量集中於外國公司或大地主手中，資本家以廉價工資強迫農民種植單一或少數幾種不能當飯吃的作物，咖啡豆、蔗糖等都是當時重要的外銷商品，殖民者獲得高倍利潤，農民卻因糧產不足而挨餓，甚至流浪至都市謀生或充當農場雇工。

許多國人熟知的熱帶水果大多源自東南亞，各種熱帶新鮮水果、果乾、罐頭或加工品在國際市場上很受歡迎。

(1) 泰國：據說是因為皇室成員與歐美的私誼良好，所以是東南亞唯一未受殖民的國家，但實質上在當時也是備受列強欺壓。熱帶果樹多樣而豐產，榴槤、山竹、龍眼的產量為世界第一，芒果與番石榴為第三，鳳梨、甘蔗為第四，熱帶新鮮水果、檳榔、葡萄柚和柚子、木瓜、腰果、香蕉、柑橘、檸檬和萊姆、西瓜、咖啡豆、腰果、紅毛丹、山荔枝、荔枝、龍貢、羅望子、釋迦、蓮霧、山陀兒、火龍果、人心果、藤黃、椰子、蛇皮果等亦頗知名。熱帶水果的出口量為世界第一，椰子為第三。

(2) 越南：明清時期曾為中國的藩屬，清末時與寮國、柬埔寨相繼淪為法國的殖民地，二戰時曾被日本佔領。去殼腰果的產量佔全球21%，出口量亦為世界第一，咖啡豆、漿果類、新鮮水果為第二，葡萄柚和柚子為第三，並盛產椰子、西瓜、鳳梨、香蕉、甘蔗、芒果、橙類、荔

枝、紅毛丹、火龍果、榴槤。佔地利之便，許多熱帶水果並越過邊境外銷中國雲南、廣西甚至內陸。

(3) 印尼：跨越南北半球，由1萬多個島嶼組成，火山多而地震頻繁，物產豐富。16世紀起遭逢列強入侵，最後由荷蘭取得統治權。椰子的產量佔全球31%，蛇皮果為世界第一，檳榔、可可豆、香蕉為第三，酪梨為亞洲最多，並生產咖啡豆、榴槤、山竹、芒果、木瓜、腰果、橙類、紅毛丹、山荔枝、蓮霧、葡萄、鳳梨、甘蔗、水椰子、堅果類與熱帶水果。

(4) 菲律賓：曾經和日本並稱為亞洲最富庶國家，後來因官員貪腐經濟不振，如今許多年輕人需境外工作。常年飽受颱風、地震侵襲。菲島橄欖的產量為世界之冠，鳳梨、椰子為世界第二，腰果為第四，大蕉為亞洲最多，並生產柑橘、芒果、木瓜、咖啡豆、蓮霧、甘蔗、香蕉、熱帶水果。在出口量上，鳳梨為世界第二，芒果、木瓜、香蕉都是日本鮮果市場最主要的供應來源。

(三) 南亞：

最重要國家為印度，為四大文明古國之一，種族、語言、文化多元，哲學、自然科學的造詣很高，早期卻缺乏自己的史籍，也很少真正統一。曾多次被異族統治，17世紀起歐洲列強相繼入侵，最後由英國取得獨霸地位。

三千多年前已開始栽培甜瓜及海棗，二千多年前阿育王在位時，芒果、波羅蜜、葡萄、甘蔗、大蕉已被栽培。玄奘至印度取經時，羅望子、印度棗、油柑、木蘋果、柑橘、安石榴、梨、奈（蘋果屬）、桃、李、椰子也很普及，並懂得製糖、釀葡萄酒、甘蔗酒。為世界

第二大的果樹生產國，芒果的品種、產量均占鰲頭，出口量則居第二。檳榔的產量佔54%，木瓜佔45%、香蕉佔26%、番石榴、堅果類、熱帶水果的產量亦為世界第一。檸檬和萊姆、腰果、番茄、甘蔗為第二，橙類、椰子為第三。印度棗、波羅蜜、葡萄柚和柚子、咖啡豆、可可豆、蘋果、桃、梨、李、核桃、無花果、葡萄、甜瓜、紅毛丹、木奶果、鳳梨等也都有生產。出口量較多的為番茄、橙類、柑橘、去殼腰果、木瓜、椰子。

(四) 中亞：

位於歐亞大陸中心，距海較故遠雨量較少，農耕發展受限，向來以發展畜牧業為主體。但夏季時陽光、融雪充足、富含地下水或灌溉便利之谷地農田也能生產瓜果。張騫出西域（中亞）時，曾將葡萄、核桃、安石榴引進中原。

(1) 烏茲別克：前蘇聯加盟共和國之一，為中亞最重要的果樹大國。東部的費爾干納盆地一帶古稱「大宛」，群山環繞，土地膏腴，多花果，自古即盛產葡萄。仁果類的產量佔世界96%，杏為第二，楢梓為第三，藍莓為亞洲最多。並盛產甜櫻桃、酸櫻桃、蘋果、西洋梨、李、巴旦杏、柿子、西瓜、番茄、穗醋栗、開心果、無花果、核桃、榛果、核果類、漿果類。杏的出口量為世界第二，柿子、甜櫻桃、葡萄乾、洋李乾也出口極多。

(2) 哈薩克：前蘇聯加盟共和國之一，為世界最大的內陸國。果樹種類與前者相似但產量較少，比較多的為西瓜、甜瓜、番茄、柑橘、開心果、西洋梨等。阿拉木圖為該國第一大城，位於天山北麓，周邊有廣闊的蘋果園，有「蘋果城」的美稱。

（五）西亞：

　　早在六千多年前，兩河流域一帶即已發展灌溉型農業，收成較為穩定，為人類文明的搖籃。當時的氣候比目前濕潤，並曾興建水壩收集雨水或洪水，以牛犁田，以溝渠、坎兒井引融雪或地下水灌溉生產蔬果。一些沙漠區也有綠洲型農業，較乾燥地區則發展畜牧業。阿拉伯、伊拉克等自古即盛產海棗，常磨粉作餅或充當駱駝飼料。其餘早期即有的有葡萄、油橄欖、印度棗、蘋果、甜櫻桃、安石榴等。

（1）土耳其：歷史悠久的文明古國之一，為西亞最重要的果樹生產大國，經濟也比較繁榮，國土橫跨歐亞兩洲，大部分屬高原地形。榛果的產量佔全球67%、無花果佔26%、杏佔23%、甜櫻桃佔25%、榲桲佔25%，酸櫻桃、甜瓜為第二，西瓜、栗子、番茄、蘋果為第三，並生產柑橘、葡萄柚、檸檬、橙類、核桃、油橄欖、開心果、桃、歐洲李和黑刺李、西洋梨、巴旦杏、草莓、葡萄、奇異果、蔓越莓、海棗、漿果類、核果類。在出口量上，榛果、杏乾、葡萄乾、榲桲都是世界之冠，番茄、李、檸檬也不少。

（2）亞塞拜然：位於裡海西邊，前蘇聯加盟共和國之一。榛果的產量為世界第三，並生產蘋果、巴旦杏、杏、甜櫻桃、酸櫻桃、桃、歐洲李和黑刺李、榲桲、覆盆子、西洋梨、葡萄、西瓜、甜瓜、蔓越莓、柿子、栗子、無花果、開心果、胡桃、番茄、穗醋栗、柑橘、堅果類與漿果類。柿子的出口量為世界第二。

（3）喬治亞：前蘇聯加盟共和國之一，北有高加索山脈的阻擋，氣候較為溫暖。盛產葡萄，被認為是葡萄酒的發源地，榛果產量為世界第六，番茄、檸檬、柑橘、核桃、蘋果、甜櫻桃、巴旦杏、桃、歐洲李、西洋梨、榲桲、草莓、西瓜、核果類也十分出名。榛果的出口量為世界第二。

（4）伊朗：中東古國之一，以前稱為波斯，曾多次入侵兩河流域，但也先後被亞歷山大、阿拉伯、蒙古、俄羅斯入侵或統治。境內多高原、盆地或高山。開心果的產量佔全球51%。西瓜、海棗為世界第二，核桃、甜瓜、甜櫻桃為第三，巴旦杏為亞洲最多，奇異果、榲桲為第四，並生產無花果、杏、酸櫻桃、桃、歐洲李和黑刺李、西洋梨、蘋果、安石榴、榛果、番茄、葡萄、柿子、橙類、檸檬、葡萄柚、柑橘、核果類與漿果類。開心果的出口量僅次於美國，葡萄乾、海棗亦為出口大宗。

（5）敘利亞：位於地中海東岸，早在三千多年前，較為濕潤的海岸及谷地已開始種植葡萄、油橄欖、海棗，腓尼基商人並駕船載著葡萄酒、橄欖油出海銷售。在阿拉伯帝國時代已種植甘蔗，製糖外銷。其他還有開心果、無花果、柑橘、檸檬、橙類、葡萄柚、榲桲、杏、桃、歐洲李、巴旦杏、甜櫻桃、西洋梨、蘋果、葡萄、海棗、番茄、甜瓜、西瓜、堅果類與核果類。

（6）以色列：為中東地區經濟、科技發展程度最高的國家。地中海沿岸的平原較為濕潤，自古即生產海棗、油橄欖、無花果。降雨較少地區則利用簡易溫室或高度節水的滴灌技術，種植柑橘、檸檬、

橙類、葡萄柚、芒果、柿子、奇異果、酪梨、草莓、榲桲、蘋果、巴旦杏、杏、桃、歐洲李、甜櫻桃、西洋梨、葡萄、甜瓜、西瓜、番茄、仙人掌果、香蕉。除供內需並能外銷，為亞洲最大的酪梨出口國。

(7) 其餘西亞國家：適耕地有限，但灌溉得宜或雨水較多的地區也能栽培無花果、巴旦杏、蘋果、甜櫻桃、西洋梨、桃、開心果、油橄欖、安石榴、檸檬、萊姆、柑橘、橙類、咖啡、甜瓜、番茄、芒果、印度棗、葡萄、海棗。出口以海棗、無花果、巴旦杏為大宗。

二、大洋洲：

(1) 澳大利亞：長期孤懸於海外，大約4至7萬年前，東南亞的原住民開始移居來到這片開闊的大陸，17世紀陸續有尋找香料的歐洲商船抵達，18世紀末成為英國的殖民地。總人口數約2,300萬，與台灣相當。土地遼闊且涵蓋熱帶至溫帶，適合生產各種水果。巴旦杏、澳洲胡桃、草莓的產量為南半球之冠，並大量出口。其餘還有葡萄、番茄、酪梨、蘋果、杏、桃、李、西洋梨、甜櫻桃、覆盆子、奇異果、油橄欖、芒果、橙類、柑橘、葡萄柚、檸檬與萊姆、藍莓、穗醋栗、柿子、木瓜、開心果、胡桃、甜瓜、西瓜、香蕉、鳳梨、甘蔗，並引進推廣恰恰山竹、黃晶果、黑柿、白柿、紅毛丹、荔枝、火龍果。

(2) 紐西蘭：原住民為毛利人，大約在一千多年前自夏威夷渡海而來，18世紀起歐洲人陸續移民，後來成為英國殖民地。氣候較澳洲濕潤，分為南、北二大島，南島的山勢較高，並有冰河，北島多火山和溫泉。曾經是奇異果的唯一產地，目前的產量為世界第三，出口量為世界最多。藍莓、穗醋栗、醋栗的產量稱冠南半球，其餘還有葡萄、番茄、柑橘、葡萄柚、檸檬、橙類、蘋果、杏、桃、李、西洋梨、草莓、覆盆子、甜櫻桃、榲桲、樹番茄、南美香瓜茄、藍莓、刺角瓜、百香果及漿果類。4～7月的柿子、1～3月的甜瓜均大量外銷日本。

(3) 太平洋諸島：夏威夷為美國第50個州，盛產澳洲胡桃、咖啡、木瓜、芒果、馬來蓮霧、番石榴、荔枝、酪梨、百香果、鳳梨、甘蔗、香蕉、椰子等。新幾內亞有生產香蕉、咖啡豆、可可豆、甘蔗、椰子、鳳梨、漿果類、熱帶新鮮水果、堅果類。其他熱帶島國的面積較小，僅少量生產麵包樹、芒果、木瓜、番龍眼、甜瓜、百香果、椰子、香蕉、檳榔、甘蔗。

三、歐洲：

面積雖小，但現代化的農業技術源遠流長，因此單位面積產量高且品質佳，但以溫帶果樹為主。

最早的耕種技術推測是來自小亞細亞（土耳其一帶），逐漸從希臘往西、北部推進。北部平原區的土壤肥沃，為歐洲最大的農業區，盛產蘋果、葡萄、番茄。阿爾卑斯山以南較為溫暖，地中海一帶夏天漫長而炎熱，許多河流甚至乾涸，農業生產主要靠灌溉。南歐各國自古即盛產葡萄酒與橄欖油，為當年羅馬帝國重要的稅收財源。現今西洋梨、蘋果、甜櫻桃、杏、桃、李、柑橘、橙類、番茄、無花果、榛果、葡萄都是南歐重要的果樹。

(1) 俄羅斯：國土面積最大的國家，但大多位處冬季天寒地凍的高緯度，果樹生

產不多，彼得大帝在位時曾在國境南方推廣種植葡萄。穗醋栗的產量佔全球60%，覆盆子佔18%、酸櫻桃佔17%，醋栗為第二，其餘還有番茄、蘋果、草莓、甜櫻桃、歐洲李和黑刺李、桃、杏、榲桲、西洋梨、藍莓、西瓜、漿果類和堅果類。南部的窩瓦河（歐洲第一長河）流域一帶相對溫暖，適合部分柑橘的生長。

(2) 烏克蘭：前蘇聯加盟共和國之一，歐洲面積第二大的國家，土壤肥沃，為世界重要的糧食出口國。穗醋栗、酸櫻桃的產量為世界第三，醋栗為第四。其他還有番茄、葡萄、蘋果、甜櫻桃、歐洲李和黑刺李、杏、覆盆子、榲桲、西洋梨、草莓、核桃、蔓越莓、栗子、榛果、西瓜、甜瓜、漿果類和核果類。

(3) 其餘東歐國家：包括白俄羅斯、拉脫維亞、愛沙尼亞、立陶宛等，氣候冷涼，重要果樹有番茄、蘋果、西洋梨、草莓、覆盆子、桃、歐洲李、杏、酸櫻桃、奇異果、核桃、蔓越莓、藍莓、醋栗、穗醋栗、歐洲山茱萸等。

(4) 西班牙：8至12世紀曾由阿拉伯帝國（中國古稱為大食，西方稱為薩拉森帝國）統治，並開鑿運河興建果園，種植葡萄、油橄欖、桃、杏、安石榴、柑橘、海棗、甘蔗等50多種果樹並外銷。油橄欖的產量佔世界31%，巴旦杏、柿子、桃為世界第二，草莓、酪梨、無花果、檸檬、橙類、甜瓜、藍莓、香蕉為歐洲之冠，其餘還有葡萄、歐洲栗、甜櫻桃、酸櫻桃、歐洲李、西洋梨、覆盆子、蘋果、榲桲、開心果、葡萄柚、穗醋栗、番茄、榛果、

奇異果、核桃、西瓜、柑橘、核果類、漿果類及少量的甘蔗。並為水果出口大國，杏、穗醋栗、甜瓜、橙類、桃、草莓、柑橘、柿子的出口量為世界之冠，巴旦杏、歐洲栗、檸檬、油橄欖、歐洲李、西瓜、藍莓、無花果、榲桲、番茄、酪梨也名列前矛。

(5) 義大利：自羅馬帝國時代即盛產葡萄、油橄欖、無花果。葡萄、榛果、奇異果的產量為世界第二，油橄欖、杏、桃、西洋梨為第三，甜櫻桃、歐洲栗為歐洲第一，並生產蘋果、巴旦杏、酸櫻桃、歐洲李、榲桲、覆盆子、草莓、番茄、無花果、開心果、柿子、橙類、檸檬、葡萄柚、柑橘、藍莓、核桃、甜瓜、西瓜、穗醋栗、漿果類、核果類和堅果類，以及少量的香蕉。奇異果的出口量僅次於紐西蘭，並為無花果、桃、葡萄、西瓜、蘋果、榛果、歐洲栗、杏、歐洲李的出口大國。

(6) 希臘：二千多年前，斐尼基人曾引進栽種葡萄與油橄欖，再以葡萄酒、橄欖油與鄰國換取糧食。油橄欖產量為世界第二，並生產奇異果、歐洲栗、開心果、葡萄、榛果、桃、巴旦杏、杏、甜櫻桃、酸櫻桃、歐洲李、蘋果、西洋梨、榲桲、酪梨、草莓、核桃、番茄、葡萄柚、檸檬、橙類、柑橘、無花果、甜瓜、西瓜、香蕉、漿果類、核果類。重要的出口果品為奇異果、橙類、桃、油橄欖、榲桲。

(7) 其餘巴爾幹半島國家：早在東羅馬帝國時期，保加利亞與塞爾維亞已種植葡萄、歐洲李、杏。目前盛產番茄、草莓、蘋果、覆盆子、酸櫻桃、甜櫻桃、榲桲、核桃、榛果、柿子、奇異果、歐洲栗、無

花果、油橄欖。羅馬尼亞有時候也被視為巴爾幹國家，歐洲李與黑刺李產量為世界第二，西瓜、藍莓、蔓越莓也栽培頗多。

(8) 德國：19世紀在萊茵河一帶已推廣種植葡萄，當時葡萄酒的生產已極為出色。1970年前後曾是世界最大的甜櫻桃生產國。醋栗的產量佔全球51％，穗醋栗為第五，草莓、蘋果、西洋梨、酸櫻桃、歐洲李、覆盆子、藍莓、核桃亦很重要，另有一些漿果類、核果類、杏、桃。

(9) 波蘭：東羅馬帝國時期即已開始栽培無花果、葡萄、油橄欖。穗醋栗的產量為世界第二，醋栗為第三，覆盆子為第五，蘋果為歐洲第一，其餘還有藍莓、酸櫻桃、甜櫻桃、歐洲李、草莓、西洋梨、奇異果、歐洲栗、核果類。醋栗的出口量居世界之冠，蘋果為第二，穗醋栗和藍莓也都名列前茅。

(10) 法國：中世紀起，葡萄就已經是重要果樹，重要性僅次於小麥，但種植面積常隨著葡萄酒的需求及價格而變動。葡萄的產量為世界第四，其他還有穗醋栗、奇異果、番茄、蘋果、歐洲李、巴旦杏、杏、桃、甜櫻桃、西洋梨、草莓、覆盆子、榛果、藍莓、油橄欖、歐洲栗、核桃、葡萄柚、檸檬、橙類、甜瓜、堅果類，以及少量的無花果、酪梨、蔓越莓、榅桲、西瓜。杏的出口量為世界第三，帶殼核桃、洋李乾也出口極多。

(11) 荷蘭：雖然耕地有限，但有西歐最主要的商港，運輸與貿易業發達，當年西班牙商人從遠東運回來的香料就常在荷蘭卸貨分銷。人民勤奮，產官學長期合作，園藝技術先進，企業競爭力強，除了自產的番茄、草莓，國外園產品經過處理加工再輸出，反成為穗醋栗、蔓越莓、腰果、開心果、巴西栗、咖啡豆、鳳梨、無花果、酪梨、榅桲、西洋梨、葡萄柚的出口大國。

(12) 其他西歐國家：包括比利時、英國、愛爾蘭等，出產番茄、蘋果、西洋梨、歐洲李、草莓、甜櫻桃、覆盆子、穗醋栗、醋栗、甜瓜等。因為氣候漸趨暖化，英國目前也開始栽培葡萄，生產自己的葡萄酒。

(13) 北歐國家：包括瑞典、挪威、芬蘭、丹麥，氣候冷涼，適合生產草莓、蘋果、番茄、藍莓、覆盆子、穗醋栗、醋栗、奇異果等需冷性果樹。

四、非洲：

　　16世紀起，歐洲人為了開墾美洲，種植貿易市場上迫切需要的棉花、甘蔗、菸草，從非洲大量輸出黑奴當作勞力，販賣的人口數前後估計在100～1,500萬人之間，許多青壯年被迫遠離故鄉，美滿家庭為之破碎，妨礙非洲之進步甚鉅。工業革命後，列強逐漸轉為在非洲生產原物料作物與開採礦物資源。19世紀末，乾脆直接瓜分領土劃分屬地，以法國和英國佔地最多，居民淪為農場的雇工，勉求溫飽。目前許多熱帶經濟果樹沿襲當初的企業栽培方式終年生產，種植面積大產量高，並嘗試自己加工製造或外銷，創造更多的利潤。

(一) 北部非洲：

　　靠近地中海及大西洋沿岸一帶有狹窄的平原，屬於地中海型氣候。得灌溉之利，尼羅河三角洲及河谷平原為非洲農業發展最早的區域，水草充沛的綠洲或濕潤的山谷亦可從

事農耕。

(1) 埃及：定期氾濫的尼羅河使沿岸農田特別肥沃，尼羅河河谷寬約16～50公里，自古即是人口稠密之區，有世界最早的太陽曆法，並引水灌溉種植葡萄、油橄欖，用於釀酒或榨油。但基層農民常被剝削壓榨修建工程，故後期社會不安定導致國勢日衰。海棗的產量佔世界19%，無花果為世界之二，草莓、桃、番茄、甜瓜、橙類為非洲之冠，其他還有柑橘、檸檬和萊姆、葡萄、芒果與番石榴、西瓜、杏、李、核桃、洛神葵、油橄欖、香蕉、甘蔗、堅果類。為重要的橙類出口國。

(2) 阿爾及利亞：非洲面積最大的國家，海棗的產量為世界第三，杏、西瓜的產量冠於非洲，其他還有番茄、無花果、蘋果、甜櫻桃、油橄欖、榲桲、橙類、葡萄柚、柑橘、檸檬和萊姆、葡萄、西洋梨、桃、李、安石榴、核果類、堅果類與香蕉。

(3) 摩洛哥：非洲最具地中海風情的國家，有北非花園的美稱。巴旦杏、無花果的產量為世界第三，油橄欖、甜櫻桃、李、榲桲、覆盆子、核桃、藍莓為非洲最多，另有蘋果、草莓、杏、桃、西洋梨、酪梨、柑橘、橙類、葡萄柚、葡萄、檸檬和萊姆、甜瓜、西瓜、番茄、海棗、香蕉、甘蔗和少量的鳳梨、木瓜、藍莓、開心果、堅果類與核果類。為非洲最大的藍莓、番茄出口國。

(4) 其餘北非國家：主要果樹為油橄欖、番茄、芒果、木瓜、巴旦杏、桃、無花果、開心果、海棗、葡萄柚、柑橘、檸檬和萊姆、西瓜、安石榴、洛神葵及核果類。

(二)東部非洲：

地勢較高，為尼羅河、剛果河發源地，相對於非洲其他地區，氣候較為良好，有不少內陸湖泊，但也有部分地區為沙漠。衣索比亞高原與索馬利亞半島開發較早，沿海地區很早就有波斯與阿拉伯商人引進種植的可可、芒果、香蕉、甘蔗、檳榔、椰子。

(1) 衣索比亞：國土有三分之二地區為高原，在非洲各國中地勢最高，有「非洲屋脊」之稱。咖啡的原產地之一，產量居非洲之冠，咖啡豆以外銷為主。另有酪梨、葡萄、柑橘、橙類、檸檬和萊姆、芒果、木瓜、番茄、鳳梨、甘蔗、堅果類、桃、香蕉與熱帶水果。

(2) 莫三比克：鄭和下西洋時曾來訪此地，曾經是全球最大的腰果產地，並擁有許多農耕地，但因為長年內戰導致政局不穩，反而成為極度貧窮的國家。產量比較多的為腰果、香蕉、咖啡豆、葡萄柚、柑橘、橙類、檸檬和萊姆、芒果、木瓜、番茄、甘蔗、椰子、熱帶水果，近年來積極發展農業，香蕉等水果已能出口。

(3) 馬達加斯加：位於印度洋上，世界第四大島，生物資源豐富，特有種奇多，但也為了發展農業，許多森林被開發成農田。腰蘋果的產量為世界第三，為南半球最大的開心果產地，另外還有可可豆、腰果、酪梨、咖啡豆、芒果、檸檬與萊姆、橙類、桃、李、西洋梨、葡萄柚、葡萄、蘋果、番茄、椰子、鳳梨、香蕉、甘蔗、熱帶水果。

(三)西部非洲：

尼日河流域早在六千多年就有農耕活動，後來並發展定居型農業，但因氣候改變，

現今以畜牧業為主。西非沿海是當年黑奴的最大來源區。內陸有廣大的沙漠，南端接近赤道，高溫濕潤的沿海平原適合發展熱帶果樹，大多由外商投資生產並外銷，是可樂果、可可豆最主要的產地。

(1) 奈及利亞：非洲人口最多、經濟實力較繁榮的國家。木瓜、柑橘的產量曾為世界第一。可樂果的產量佔世界51%，腰果為世界第二，木瓜、柑橘、鳳梨為非洲最多，其他還有可可豆、咖啡豆、番茄、芒果、椰子、大蕉、甘蔗、堅果類、新鮮水果。可可豆、可樂果的出口量居世界第三。

(2) 象牙海岸：早年以盛產象牙而得名，曾經為西非最富有國家之一。可可豆的產量占世界39%，可樂果為世界第二，巴西栗為第三，腰果為非洲最多，其他還有咖啡豆、番茄、芒果、柑橘、葡萄柚、橙類、酪梨、木瓜、香蕉、大蕉、甘蔗、鳳梨、椰子、堅果類與熱帶水果。可可豆、可樂果的出口量為世界第一，帶殼腰果為第二。

(3) 迦納：非洲第二大產金國，為經濟成長較為快速的國家之一。可可豆的產量為世界第二，大蕉為第三，另也生產酪梨、番茄、橙類、檸檬和萊姆、木瓜、腰果、芒果、可樂果、咖啡豆、鳳梨、甘蔗、椰子、香蕉、堅果類。帶殼腰果的出口居世界之首，可樂果為第二。

(4) 喀麥隆：地質與文化的多樣性，有「小非洲」美稱。大蕉的產量為世界第二，可樂果為第三，栗子為非洲最多，另生產可可豆、咖啡豆、番茄、酪梨、甜瓜、西瓜、甘蔗、香蕉、鳳梨、椰子、芒果、新鮮水果。

(5) 其餘西非國家：重要果樹有咖啡、可可豆、可樂果、番茄、柑橘、檸檬、腰果、洛神葵、芒果、西瓜、愛貴果、海棗、鳳梨、香蕉等。馬利的腰蘋果產量為非洲最多。

(四) 中部非洲：

北邊與南方均為熱帶草原與沙漠，赤道附近為剛果河流域熱帶雨林，生物資源豐富，高溫多溼，四季如夏。面積最大的為剛果民主共和國，也稱為薩伊，大蕉的產量佔全球12%，為世界之冠，木瓜居非洲第二，並生產可可豆、咖啡豆、番茄、葡萄柚、檸檬和萊姆、柑橘、橙類、芒果、酪梨、香蕉、鳳梨、椰子、甘蔗、新鮮水果。

(五) 南部非洲：

北方為沙漠或乾燥少雨的草原，物產缺乏。最南端的開普敦屬於地中海型氣候，土壤肥沃。最主要國家是南非，葡萄牙人發現好望角後，荷蘭、英國移民陸續進入並殖民統治，後來成為英國屬地，曾大規模引進栽種果蔬。葡萄柚、杏、葡萄的產量為南半球第一，蘋果、西洋梨、檸檬和萊姆、甘蔗為非洲之冠，也有番茄、橙類、柑橘、桃、歐洲李、草莓、木瓜、酪梨、澳洲胡桃、無花果、芒果、甜瓜、西瓜、香蕉、鳳梨、新鮮水果、漿果類、楊梅、甜櫻桃、仙人掌果。葡萄柚的出口量居世界之冠，橙類為第二，葡萄、檸檬、柑橘、西洋梨、歐洲李、澳洲胡桃、葡萄乾也都是出口大宗。

五、美洲：

原住民為印地安人，屬於蒙古人種美洲支系，曾分散於美洲北、中、南各處。猶加敦半島及墨西哥灣沿岸的馬雅人很早即栽培酪梨、番茄、可可則可能是自南美洲傳入。農事

生產以刀耕火種為主，但甚少田間管理。

墨西哥盆地的阿茲特克人以農業生產為主，番茄、仙人掌果、可可很早即被食用，可可豆被當成交易買賣的貨幣。農具為木器與石器，耕作方式與馬雅人類似都較粗放，後期並發展灌溉系統。安地斯山區在印加帝國時期已有頗為進步的農業，曆法相當完備，並發展灌溉、梯田，以鳥糞為肥料。雖然有畜養牲畜，但未用於耕作，當時較重要的果蔬為番茄、酪梨。

新大陸發現後，原來的帝國被摧毀，殖民者分封土地，原住民淪為農奴或佃農，向地主繳租，更有不斷借貸累及子孫者，可說世代為奴。大農園制的耕種型態由原住民、非洲黑奴、歐洲移民為勞力，種植甘蔗、香蕉、咖啡或可可等單一作物。一如東南亞、印度、非洲等第三世界的情況，富商將大量生產的原物料賣出，在歐洲工廠加工精製後銷售全世界並獲得暴利，農民生活卻未見改善。

（1）美國：為農業大國，耕地面積約佔全球十分之一。加州的中央谷地屬於地中海型氣候，陽光充足，土壤肥沃，引融雪灌溉故適宜農耕，果樹產業發達，拜交通運輸之便，產品行銷世界。蔓越莓的產量佔全球60%，巴旦杏佔45%，藍莓佔39%，美洲胡桃、西洋梨亦居第一，蘋果、草莓、甜櫻桃、葡萄柚、核桃、開心果為世界第二，李、葡萄為第三，番茄、酸櫻桃、杏、桃、海棗、無花果、甜瓜、榛果為西半球最多，其他尚有酪梨、西瓜、柑橘、橙類、檸檬、覆盆子、油橄欖、木瓜、安石榴、咖啡豆、甘蔗、鳳梨、漿果類，與少量的芒果、冷子番荔枝，新興果樹如仙人掌果、刺角瓜、白柿、黑柿、麻米蛋黃果。美國本土不產香蕉，為世界最大的香蕉進口國，芒果、萊姆也幾乎全靠進口。巴旦杏、藍莓、美洲胡桃、開心果、核桃的出口量為世界第一，洋李乾、葡萄乾、草莓為第二，葡萄、蘋果、甜櫻桃、酸櫻桃、蔓越莓、西瓜、甜瓜、葡萄柚、木瓜、鳳梨的亦出口極多。

（2）加拿大：國土面積與美國相當，但耕地不多。藍莓、蔓越莓的產量與出口量均為世界第二。不列顛哥倫比亞省（洛磯山脈以西）有許多蘋果，五大湖區的氣候較溫暖，可生產西洋梨、甜櫻桃、酸櫻桃、李、杏、桃、蘋果、覆盆子、草莓、葡萄、番茄、甜瓜、西瓜。溫哥華附近和東部低窪地盛產蔓越莓。

（3）墨西哥：以生長多種仙人掌而聞名。酪梨的產量佔世界34%，漿果類為28%，檸檬和萊姆為14%，覆盆子為世界第二，木瓜、草莓為第三，芒果為西半球第一，葡萄柚、橙類、柑橘、西洋梨、榲桲、桃、李、蘋果、核桃、番石榴、番茄、葡萄、咖啡豆、西瓜、甜瓜、藍莓、可可豆、無花果、楊桃、海棗、洛神葵、仙人掌果、香蕉、甘蔗、鳳梨、堅果類、熱帶新鮮水果也生產頗多，並有油橄欖、人心果、蛋黃果、麻米蛋黃果、蒔西果、白柿、黑柿、印加豆、羅望子，和少量的杏、甜櫻桃、巴旦杏、開心果、柿子。是世界最大的酪梨、芒果、檸檬和萊姆、木瓜、番茄、西瓜出口國，核桃、草莓、油橄欖的出口亦多，以銷往美國為主。

（4）其他中美洲國家：沿海平原土壤肥沃，為主要農業區，適種可可、咖啡、木瓜、酪梨、番荔枝、葡萄柚、柑橘、檸檬、萊

姆、人心果、香蕉、甘蔗、鳳梨，尤以太平洋沿岸為主要產地，部分國家也生產仙人掌果、火龍果、黃刺龍果等。山坡地或高原地區也種植咖啡、南美香瓜茄。香蕉、咖啡豆是出口大宗。哥斯大黎加的鳳梨產量佔全球11%，出口量亦為世界第一。

(5) 加勒比海（西印度群島）國家：氣候濕熱，盛產咖啡豆、可可豆、麵包樹、柑橘、葡萄柚、檸檬、萊姆、橙類、酪梨、芒果、木瓜、番茄、西印度櫻桃、洛神葵、番荔枝、香蕉、大蕉、椰子、甘蔗、鳳梨等熱帶水果。牙買加的藍山咖啡豆極富盛名，愛貴果也很知名。

(6) 巴西：南半球面積最大的國家，水果產量也是南半球第一。20世紀初咖啡豆的產量達世界之半，目前約佔29%，為最大的生豆出口國。腰蘋果的產量佔全球87%，甘蔗佔41%，以製糖、酒精為主。巴西栗佔全球39%，橙類佔23%。木瓜的產量為世界第二，鳳梨為第三，香蕉、西瓜、柿子、可可豆、腰果、椰子均為西半球第一。番茄、甜瓜、無花果為南半球最多。並生產柑橘、檸檬與萊姆、葡萄柚、芒果和番石榴、蘋果、桃、西洋梨、草莓、酪梨、葡萄、核桃、羅林果、黃晶果、熱帶水果，以及少量的油橄欖、榅桲、堅果類。甜瓜、木瓜的出口量均為世界第三。

(7) 智利：國土最狹長的國家，中部為夏乾冬雨的地中海型氣候，土質肥沃，灌溉方便，往南為溫帶氣候，適宜種植西洋梨、李。蔓越莓的產量為世界第三，奇異果、穗醋栗為西半球第一，桃、李、甜櫻

桃、覆盆子、蘋果、核桃、榛果均為南半球第一，並生產酪梨、葡萄、檸檬和萊姆、柑橘、橙類、西洋梨、杏、巴旦杏、草莓、番茄、油橄欖、栗子、甜瓜、西瓜、新鮮水果，以及少量的酸櫻桃、榅桲、無花果、葡萄柚、木瓜、柿子。甜櫻桃、蔓越莓、葡萄、歐洲李、洋李乾的出口量為世界第一，奇異果、核桃為第三，酪梨為第四，蘋果、榛果、葡萄乾為第五。

(8) 阿根廷：南美洲面積第二大的國家。西洋梨的產量為世界第二，檸檬和萊姆為南半球第一，油橄欖、榅桲為西半球第一，並生產巴旦杏、桃、李、杏、蘋果、甜櫻桃、草莓、葡萄、葡萄柚、柑橘、橙類、酪梨、番茄、芒果、甜瓜、西瓜、無花果、木瓜、鳳梨、甘蔗、香蕉。出口量較多的為洋李乾、西洋梨、檸檬和萊姆。

(9) 厄瓜多：曾由西班牙統治，並以赤道（ecuador）作為國名，有「赤道國」之別稱。生產酪梨、咖啡豆、可可豆、椰子，柑橘、葡萄柚、檸檬和萊姆、橙類、甜瓜、西瓜、木瓜、番茄、鳳梨、大蕉、甘蔗、熱帶新鮮水果。山區冷涼，可生產蘋果、杏、李、桃、草莓、西洋梨、葡萄。香蕉產量為美洲第二，出口量與金額為世界之冠，有「香蕉之國」的美稱。為美洲最大的可可豆出口國。

(10) 哥倫比亞：全球生物多樣性第二豐富的國家，僅次於巴西。咖啡豆的產量為世界第三，柑橘、大蕉為西半球最多，酪梨、草莓為南半球最多，並生產蘋果、桃、李、西洋梨、可可豆、無花果、橙類、檸檬與萊姆、芒果與番石榴、甜瓜、西瓜、木瓜、番茄、葡萄、甘蔗、鳳梨、椰

子、香蕉與熱帶新鮮水果。大蕉、咖啡
豆出口量為世界第三，香蕉為第四。

(11) 玻利維亞：南美洲的內陸國之一，歐洲
栗的產量為世界第一，巴西栗為第二，
出口量與金額則為世界第一，猴胡桃以
營養美味而知名。並生產蘋果、桃、李、
甜櫻桃、酸櫻桃、草莓、西洋梨、酪梨、
可可豆、咖啡豆、無花果、葡萄、葡萄
柚、檸檬和萊姆、橙類、柑橘、芒果和番
石榴、木瓜、西瓜、番茄、鳳梨、香蕉、大
蕉、甘蔗、新鮮水果。

(12) 其他南美洲國家：天候較為濕熱，較重
要的熱帶或亞熱帶果樹包括：可可、咖
啡、腰蘋果、酪梨、柑橘、檸檬、萊姆、
橙類、木瓜、芒果、瓜拿納、番茄、仙人
掌果、甘蔗、鳳梨、香蕉等。溫帶果樹有
歐洲栗、榅桲、油橄欖等。

參、台灣的果樹種原收集與保存

果品的貿易為農業經濟生產重要的一環，各國政府為了拓展外銷，改善果農生活，對於果品質量的提升十分重視。想要培育良好的品種，種質資源的收集與保存十分重要，許多國家都設有專職人員進行品種的收集、保存、研究、改良與推廣，以建立新的果樹產業。

台灣的生物多樣性舉世聞名，惟可當作經濟栽培的原生果樹資源十分稀少，幾乎全賴外地引種。曾引進、有統計的果樹種類至少約59科248種，若加計私人苗圃業者、園藝愛好者、外籍配偶或遊客自行夾帶引進的，則遠高於此數，可以確定的是大部分為熱帶與亞熱帶果樹，溫帶果樹的比重較低。

一、熱帶與亞熱帶果樹：

台灣的氣候適於常綠果樹的生長。荷據時期即由南洋引進熱帶果樹（釋迦、土芒果、波羅蜜、番石榴、木瓜、鳳梨等），明鄭與清朝的先民均曾由華南引進傳統果樹（龍眼、荔枝、柑橘、橫山梨、桃等）。計畫性引種始自日據時期，曾大力推廣栽種香蕉與鳳梨，台灣的香蕉深受日本家庭喜愛，鳳梨罐頭則外銷國際。由於「南進」需要，且台灣的氣候比日本溫暖，適合推廣熱帶或亞熱帶水果，曾多次從東南亞等地收購有用果樹的種子與苗木，繁殖後試種於台北苗圃（今台北植物園）、士林園藝試驗支所（今士林官邸）、農事試驗場嘉義支場（今農試所嘉義分所）、鳳山熱帶園藝支所（今鳳山熱帶園藝試驗分所）或下坪樹木園（台灣大學熱帶樹木標本園，位於南投竹山）、竹頭角樹木園（雙溪熱帶樹木園，位於

高雄美濃）、恆春熱帶植物殖育場（林試所恆春熱帶植物園）等地，甚至供應全台各處栽植之用。國外的植物園、種苗商等公私單位亦曾協助引種或贈送苗木，因此東南亞、印度、斯里蘭卡、澳洲、夏威夷、中南美洲或非洲的果樹品種陸續引進試種觀察。

香蕉、柑橘、鳳梨為台灣早期三大外銷水果，二戰期間因臺籍壯丁遠赴沙場，日本的化學肥料供應減少，水果產量萎縮，外銷一度停止。光復後百廢待興，國家急需發展農業並拓展農產品外銷爭取外匯。獎勵復耕，開發山坡地，農村慢慢恢復榮景。

農復會（農委會的前身）與學術單位為了收集多樣化品種資源，曾多次派遣園藝團出國考察，規模較大、成果較豐的有三次：1967年、1970年與1986年，共引進167類667品種的溫帶、亞熱帶與熱帶果樹種子或種苗。除了供育種選拔用途，也分散保存於農試所、各區改良場或農學院校教學實習農場。農業試驗所（位於台中霧峰）設有國家作物種原中心，屬於國家級種原庫，專賣乾燥或冷藏保存各式作物的種子。若以活體果樹種植保存而言，種類最多、歷史最久者首推農業試驗所嘉義分所，至少保存44科140多種，已長成大樹的特殊果樹如猴胡桃、美洲胡桃、巴西栗、爪哇橄欖等，該分所在鮮食鳳梨的育種上更是成績豐碩。鳳山熱帶園藝試驗分所於日據時期是專為發展南部地區的鳳梨產業而設置，光復後並曾培育出世界上第一個無子西瓜品種，目前該分所保存的熱帶果樹種質資源也不少。屏東科技大學農園系顏昌瑞教授更致力於熱帶果樹資源的收集與保存，該系熱帶果園成立於82年，雖然起步較慢，但從國內外收集到的種類也已達到140餘種，成效極高。

二、溫帶果樹：

溫帶果樹長期適應於冬冷天候，落葉休眠期間需要足夠的低溫刺激才能正常開花結果，台灣向來栽種很少。早期閩粵移民所引進的桃、李、梅、柿等老舊品種並非溫帶品種，品質不夠理想。日據時代一些派駐原住民部落的公教警人員因思念故鄉，曾零星引進家鄉的蘋果、水梨種植於宿舍或辦公場所。

民國44年，農復會委託台中農學院（中興大學前身）園藝系師生，利用兩年時間完成東西橫貫公路資源調查，認為台灣的高山氣候適合發展溫帶果樹。退輔會依據調查報告，從待退官兵中遴選身心健康、志願農墾者100人，攜帶乾糧由谷關徒步上山，夜宿草叢，第3天抵達有水源的草生地進行開墾。最初名為「梨山榮民農場」，除安置榮民、生產中橫公路開路人員所需甘藍、白菜、菠菜等副食品，並試驗及生產溫帶果樹，即今日之

「福壽山農場」。當時退輔會主委蔣經國先生指示：生產對國家外匯有幫助的作物，避免與平地農家爭利。在專家學者指導下，從美、日、法等國引進的水蜜桃、水梨、蘋果、加州李果苗陸續成功開花結果，由於品質比平地的在來品種好，市場反應不錯，榮民收入增加，帶動種植風潮。農復會更投入經費，由福壽山、梅峰、見晴（清境）等高山農場增殖苗木，分送原住民種植並技術指導，梨山乃至台灣的溫帶果樹產業於是蓬勃開啟。60年起，福壽山農場更奉令執行援助泰國「泰皇北部山地農業計畫」，除了贈送桃、梨、蘋果、柿等果苗、蔬菜種子，並將栽培溫帶果樹的經驗推廣到泰北山區，讓泰皇倡導「以農產替代鴉片」、改善鄉民生活之理想得以實現。

民國68年，政府開放蘋果自由進口，民國101年加入WTO後，台灣的水果市場基本上已對外開放（除了檢疫等問題必須限制進

鳳山園藝所內的熱帶果樹種原園。

福壽山農場果樹品種觀察區。

口的除外），當年引領風騷的高山水果多半不敵進口蘋果、高接梨的競爭，利潤微薄，栽培意願自然降低，許多品種甚至已被砍除。為響應國土復育政策，高山果園、高麗菜田的種植面積已有限縮，福壽山農場也辦理果園、菜地廢耕，轉型發展觀光。台灣的溫帶果樹品種以農試所望鄉保存園、中興大學山地果園、台灣大學梅峰農場、退輔會福壽山農場等單位保存較多。前者已遷園，興大山果未對外開放，梅峰農場須申請方可入園，每年3月中旬桃李花開花團錦簇，並有許多溫帶花木可供欣賞。最便於自導式觀察的是福壽山農場，自48年起開闢試驗區，七次由國外引進白桃、梨（含西洋梨）、蘋果、李，板栗、核桃、獼猴桃、藍莓等近200品種試種，目前餐廳下方的果樹品種觀察區仍保存許多的蘋果、梨品種，均設立解說牌概述品種特性，榛果、核桃、杏、山楂等更是台灣少見。場長室前方的蘋果王、梨王各自嫁接數十品種於一身，名氣響亮。

由農業單位專責引種，程序嚴謹而審慎，但果苗增植速度較慢，由於農民需求殷切，公家機關不論育種或推廣常感緩不濟急，民間種苗商的引種應運而生，他們為了保持競爭力，直接以網購等方式向國外苗商下訂現成優良品種的種子，積極繁殖促銷，種類繁多，品種更新效率高，無品種權之授權問題。只是大多數業者均講求引進新奇的水果，未必經過檢疫、觀察、品種比較與栽培試驗，品種純度與整齊度端賴信譽。農友若未曾考量新品種的風土適應性，盲目投資種植有其風險，消費市場也未必能接受新奇的陌生果品。由於果樹為多年生作物，需長期經營管理才有回報，購買種苗前多方評估十分重要。

福壽山農場果樹品種觀察區，保存許多的蘋果、梨、桃等溫帶水果品種。

肆、世界水果的產銷變化

　　世界各地生產的果樹種類何止千百，但受限於運藏保鮮技術、消費市場接受度、植物檢疫等因素，國際間貿易進出口的種類與品種並不多，聯合國糧食與農業組織（Food and Agriculture Organization，簡稱FAO）的網站有公開統計數據，但將許多水果合併統計，例如將芒果、山竹與番石榴合併，許多水果甚至概括為熱帶鮮果（Fruit,Tropical freshnes）、新鮮水果（Fruit Fresh, nes）、核果類（Stone fruit, nes）、漿果類（Berries, nes）、仁果類（Pome fruit, nes）、堅果類（Nuts, nes）、柑橘類（Citrus fruit, nes）。台灣產的重要水果幾乎都被合併列入前述的大類中，大多沒有單獨列舉。

　　以下概約分析介紹FAO自1961年至2017年間這50餘種水果（包括堅果等，為方便計，簡稱為水果。甘蔗以製糖為主，並無鮮食的數據，故以下的產銷數據均扣除甘蔗），並簡化成附表於書末以供讀者參閱：

一、產量：

　　水果產量受到氣候環境、種植面積、品種、栽培技術、市場供需、價格等因素的影響，當然，統計的精準度也會影響數據，事實上許多國家的產銷數字僅是推估。

（1）總產量：1961年全球水果生產總產量約為2億6,763萬餘公噸，逐年遞增，2017年的總產量約為11億6,106萬餘公噸，大約成長4.33倍。

（2）個別水果產量：

① 葡萄：1961年產量最多的水果，約佔當年度水果總產量的16.0%。之後逐漸被其他水果超越，2017年產量僅佔6.3%，已落居第五位，57年來全球總產量成長1.7倍。義大利的產量曾為世界最多，1987年中國的產量仍位居世界第18名，之後逐年攀升，2010年中國的產量成為第一，至2017年共成長186.9倍（美國只成長2.2倍）。若以平均產量而言，中國的產量是16.8公噸／公頃，美國為16.4公噸／公頃，義大利為10.7公噸／公頃，法國為7.9公噸／公頃。

② 番茄：1990年至今產量最大的水果，2017年的產量約佔當年度水果總產量的15.7%，57年來產量成長6.6倍。在產量上，美國曾居於領先，中國自1995年起已穩居第一，至2017年共成長12.3倍（美國只成長2.2倍、印度則成長44.6倍）。若以平均產量而言，中國的產量是57.8公噸／公頃，印度為25.9公噸／公頃，美國為86.5公噸／公頃。

③ 香蕉：產量最大的熱帶果樹，2017年產量約佔當年度水果總產量的9.8%。與1961年相比，57年來全球總產量成長5.3倍。主要產於熱帶平原多雨地區，1978年印度的產量首度超越巴西，成為全球第一。2017年印度的香蕉總產量為3047.7萬公噸，佔全球總產量26.7%，同年度台灣的產量是25.2萬公噸，佔全球0.2%。若以平均產量而言，2017年印度的產量是35.4公噸／公頃，巴西為14.3公噸／公頃，台灣是16.6公噸／公頃。

④ 橙類：常綠性木本果樹中產量最大者，也是柑橘類水果中品種最多的。適合南北半球亞熱帶地區栽培，與1961年相比，57年來全球總產量成長4.5倍。1979年巴西的產量超越美國，成為第一，

（美國幾乎無成長、中國則成長208.8倍），巴西的年產量近20年來大都維持在1,800萬公噸上下，並無太大變化。若以平均產量而言，2017年巴西的產量是27.6公噸／公頃，中國為16.8公噸／公頃，美國為21.5公噸／公頃。

⑤蘋果：落葉性溫帶木本果樹中產量最大者。與1961年相比，57年來全球總產量成長5.8倍。中國的蘋果產量在1962年尚為世界第17位，1992年已躍居第一，2017年中國的產量為第二名美國的8.0倍，自1962年至2017年共成長247.8倍。中國的收穫面積為美國的16.9倍，產量卻僅為美國的8.0倍，若以平均產量而言，2017年中國的產量是18.6公噸／公頃，美國為39.5公噸／公頃。

⑥西瓜：產量最大的藤蔓性水果，與1961年相比，57年來全球總產量約成長6.5倍，以中國的產量為最大。1961年中國的產量約佔當年度全球總產量的36.4%，2017年的佔比已成長到66.9%，產量第二名的土耳其之佔比為3.4%。若以平均產量而言，2017年中國的產量是42.8公噸／公頃，美國為29.8公噸／公頃。

⑦開心果：因為營養豐富而口感好，為57年來產量成長幅度最大的木本果樹（53.8倍），但在堅果類中的總產量仍次於腰果、核桃、栗子、巴旦杏，位居第五位。除少數幾年歉收之外，57年來大體上以伊朗的產量為最大，1961年約佔當年度全球總產量的28.9%，2017年的佔比增加到51.5%。若以平均產量而言，2017年美國的產量是4.01公噸／公頃，伊朗為0.94公噸／公頃。

⑧腰果：1995年超越巴旦杏，成為產量最大的堅果。與1961年相比，57年來產量成長約13.8倍。近年來越南致力於良種選拔與繁殖推廣，成果豐碩，2002年超越印度，成為世界最大的腰果生產國。與1961年相比，57年來越南腰果的產量成長1232.9倍。越南腰果的收穫面積為印度的29.0%，位居世界第七，總產量是印度的1.15倍。若以平均產量而言，2017年越南的產量是3.0公噸／公頃，印度為0.7公噸／公頃。

⑨奇異果：1970年FAO首次公布奇異果的統計數據，當年僅紐西蘭生產，產量為2,000公噸，1977年法國也有生產數據，1989年起義大利的產量超越紐西蘭成為世界第一。近年來中國積極投入奇異果的育種與生產，2000年開始有生產數據，當年度的總產量即登上全球首位，占全球45.0%，2017年的佔比更提高為50.1%，穩居全球首位。與1970年相比，47年來全球總產量成長2019.43倍。紐西蘭奇異果的收穫面積為義大利的44.3%、中國的7.0%，位居世界第三，總產量也是三國之末，但若以平均產量而言，2017年紐西蘭的產量是35.1公噸／公頃，義大利為20.4公噸／公頃、中國為13.0公噸／公頃。

⑩無花果：為少數產量呈現負成長的果樹，可能因為市場需求不大，加上主要生產國減產，故栽培國家雖略有增加，但總產量卻逐年減少。與1961年相較，2017年的全球總產量萎縮成73.3%。

二、出口：

　　水果除供國內消費，亦可外銷賺取外匯，改善果農生活，展現一國農業實力，各國都很重視水果的國際貿易。內需市場大小、國際價格、交通運輸、保鮮技術良窳等都會影響出口，因此水果產量最大的國家未必就是出口量最多者。本文介紹的水果出口數據以鮮食、乾製為主，不包括釀酒、製成果汁、罐頭、果醬等加工產品的出口數量。

（1）　總出口量：1961年全球總出口量約為1690萬公噸，逐年遞增，2016年的總出口量約為10,528萬公噸，成長6.23倍。

（2）個別水果出口量：

① 香蕉：自1961年FAO公布統計數據以來，一直為出口量最大的水果。1961年佔當年度水果總出口量的22.1％，2016年佔19.6％，56年來外銷量成長5.5倍。中南美洲向來是最主要的香蕉出口區，厄瓜多是最大的出口國，2016年的出口量597.4萬公噸，佔全球28.9％。亞洲地區以菲律賓的出口量最大，出口量139.7萬公噸，佔全球6.8％。同年度台灣香蕉的出口量1,585公噸，佔全球0.008％。

② 蘋果：落葉果樹中出口量最大者。1991年超越橙類，為出口量第二多的水果，56年來出口量成長5.6倍。中國的蘋果出口量在2004年成為世界首位，並持續至今，2016年的出口量135.8萬公噸，佔全球15.0％；波蘭的出口量次之為109.3萬公噸，佔全球12.0％。西半球的出口量以美國（77萬公噸，佔8.5％）和智利（76萬

公噸，佔8.4％）為最大。同年度日本蘋果的出口量3.2萬公噸，佔全球0.3％。

③ 咖啡生豆：出口量最大的嗜好類果樹，1961年至2016年成長2.6倍。56年來的出口量都以巴西為最大，2016年巴西的出口量182萬公噸，佔全球28.9％。亞洲國家以越南的出口量最多，2016年的出口量140萬公噸，佔全球19.5％，56年間的出口量成長8092.4倍。

④ 橙類：常綠性木本果樹中出口量最大者，1961年約佔當年度水果總出口量的15.4％，2016年的佔比縮減至6.5％，總出口量仍然成長2.6倍。出口量以西班牙為最大，2016年的出口量156.1萬公噸，佔全球22.9％。南半球的出口量以南非稱冠，同年度的出口量140萬公噸，佔全球19.5％。

⑤ 酪梨：因為營養豐富，為56年來出口量成長率最大的木本水果，1961年出口量1,274公噸，2016年達191.3萬公噸，增加1502.1倍。1994年至今以墨西哥的出口量為最大，2016年的出口量92.6萬公噸，佔全球48.4％。亞洲地區最大出口國為以色列，同一年的出口量2.5萬公噸，佔全球1.3％。

⑥ 番茄：出口量最大的漿果，1961年約佔當年度水果總出口量的6.4％，2016年佔7.5％，56年來出口量成長約7.2倍。2006年起墨西哥超越西班牙，成為最大的番茄出口國。2016年墨西哥的出口量174.8萬公噸，佔全球22.2％。同年度第二大出口國為荷蘭，出口量99.2萬公噸，佔全球12.6％。

⑦ 開心果：1961年迄今出口量成長率最多

的堅果，56年來成長72.6倍。除少數幾年歉收之外，大體上以伊朗的出口量為最大，但是美國採用機械化管理與收穫，單位面積的產量高，交通運輸也更便捷，因此出口量自2009年起即與伊朗互有領先，且有取代之勢。2016年，美國的出口量為13.5萬公噸，出口金額10.7億美元（平均價格7,923美元／公噸）；伊朗的出口量為10.6萬公噸，出口金額68.6億美元（平均價格6,448美元／公噸）；中國的出口量為8.2萬公噸，出口金額40.3億美元（平均價格4,874美元／公噸）。

⑧ 腰果：1991年起取代巴旦杏，為出口量最大的堅果，可分為帶殼與去殼二種商品。帶殼腰果的產銷較為省工，佔出口量69.7%，主要產自熱帶非洲，以迦納、象牙海岸、坦尚尼亞出口最多。但可能是統計數據有誤，除了象牙海岸之外，其他二國的出口量都大於產量。去殼腰果便於調理，單價較高，以越南出口最多，印度次之。自1986年至今，越南的出口量成長31.04倍。2016年，越南去殼腰果的出口量27.6萬公噸，出口金額19.8億美元（平均價格7188美元／公噸）；印度去殼腰果的出口量8.3萬公噸，出口金額7.3億美元（平均價格8,797美元／公噸）。同年度越南帶殼腰果的出口量750公噸，出口金額429.6萬美元（平均價格5,728美元／公噸）；印度帶殼腰果的出口量5,634公噸，出口金額1194.9萬美元（平均價格2,120美元／公噸）。

⑨ 奇異果：1970年初次有統計數據，46年來出口量成長3299.7倍，為出口量成長率最多的蔓藤類果樹。1970年僅紐西蘭有出口，數量508公噸。1982年起瑞典等國家陸續也有出口成績，1993年義大利的出口量躍升至第一。近年來紐西蘭、義大利的出口量互有領先。2016年紐西蘭的出口量58.3萬公噸，出口金額11.9億美元（平均價格2,042美元／公噸）；義大利的出口量41.3萬公噸，出口金額4.7億美元（平均價格1152美元／公噸）。

⑩ 蔓越莓：出口量成長率最高的水果。1961年僅瑞士有出口，數量2公噸；2016年有35國出口，出口量20萬餘公噸，成長率達10萬倍。2010年起智利的出口量超越加拿大，躍居第一，出口量為11.3萬公噸，佔全球56.4%；加拿大的出口量6.3萬公噸，佔全球31.8%。

三、進口：

　　熱帶地區氣候溫暖，生長季節較長，果樹的種類較多，土地與人力成本較低廉，產量也大，適合生產外銷用熱帶水果。溫帶國家的國民平均所得通常較高，果品（鮮食或加工）的需求量較大，因為土地貴而工資高，從其他國家進口水果鮮食或加工再包裝轉售，經濟划算。扣除耗損與浪費等因素，實際到貨的進口量會比出口的量低。為促進貿易自由化，世界貿易組織（WTO）強制規定各會員國必須開放商品（含農產品）進口，加上消費者的需求，或進口與出口的是不同的品種，因此很多國家既是出口國也是進口國。

（1）總進口量：1961年全球水果總進口量約1549.6萬公噸，逐年遞增，2016年的總

進口量約9310.1萬公噸，大約成長6.0倍。

(2) 個別水果進口量：

① 香蕉：一直是進口量最大的水果，1961年佔當年度水果總進口量的25.0%，2016年佔20.2%，56年來進口量成長5.1倍。歐美國家因為冬季低溫無法栽培香蕉，一直是最主要的香蕉進口國，美國不論是進口量或金額都是世界第一。亞洲地區以日本的進口量最大，台灣香蕉雖曾有輝煌的日本市場佔有率，可惜目前日本超市看到的幾乎都是菲律賓或中南美洲進口的香蕉，論單價，有時候還比台灣賣的台蕉便宜，且大小整齊，口感亦不差。

② 蘋果：進口量最大的木本果樹，1961年佔當年度水果總進口量的1.5%，2016年佔7.8%，56年來進口量成長32倍。德國是最大的蘋果進口國，英國次之。

③ 木瓜：56年來進口量成長4624.4倍，為成長率最大的水果。1961年僅有美國進口76公噸，金額1.5萬美元，2016年美國進口量20.4萬公噸，進口金額1.3億美元。因不耐長途貯運，美國大都就近由墨西哥進口木瓜。亞洲最大的進口國為新加坡與香港，因為距離不遠，台灣的木瓜似乎有很大的外銷拓展空間。

④ 巴西栗：種仁肥厚而大，被譽為最美味、營養的堅果之一，為歐美日先進國家所喜愛。原生於巴西、秘魯、玻利維亞的原始林中，早年都是野地撿拾落果，收集不易，1961年至今栽培面積成長6.5倍，產量成長1.4倍，出口量成長6.3倍，進口量成長6.4倍，曾因撿拾過度影響天然林之更新，產銷數量一度負成長，經過計劃性復育才逐漸恢復穩定。市場上有帶殼和去殼二種商品，去殼巴西栗易於包裝銷售，但容易酸壞，國內大型超市偶有零星進口，但不常見。

⑤ 腰果：1991年起取代巴旦杏，成為進口量最大的堅果。以帶殼腰果進口量較多，約佔進口量69.1%，須自行破殼與加工，以印度的進口量最大，越南次之。去殼腰果進口金額較高，約佔進口金額59.3%，可直接烘焙與調味，美國為最大進口國，荷蘭次之。

⑥ 開心果：進口量成長率最多的堅果，1961年至2016年成長67.9倍。2005年至今以香港的進口量與進口金額最大，除少數自用，大部分再轉售中國或其他國家。

⑦ 酸櫻桃：1961年至今進口量成長率最大的核果類水果，56年來收穫面積成長2.6倍，產量成長2.2倍，出口量成長10.4倍，進口量成長1408.4倍，進口金額從1961年的1.1萬美金，2016年成長至8112.7萬美金。酸櫻桃的口感較差，產量為甜櫻桃的49.1%，產值為其28.5%，出口金額為其3.7%，進口金額為其3.0%。甜櫻桃的生產季節很短且不耐貯運，適合生鮮販售，在缺乏甜櫻桃的季節，只能以酸櫻桃加工調製的罐頭、果汁、果醬或果乾來代替。

果實種類介紹

　　果實可依據其開裂與否及含水量區分為許多不同類型，一般而言成熟後乾燥者稱為乾果，而果皮含水量較高者稱為肉果。大致介紹如下：

乾果

蓇葖果（follicle）
單心皮，單邊開裂之果實。

莢果（legume）
單心皮，雙邊開裂之果實。

節莢果（lomentum）
單心皮，果實成熟後由種子與種子間斷裂。

穎果（caryopsis）
單心皮不開裂之乾果，果皮與種皮癒合。

長角果（silique）
由二心皮構成之果實，由兩片蒴片與一片中隔構成，種子生長於中隔之上。

短角果（silcle）
構造與長角果相似，但長寬相等或寬大於長。

蒴果（capsule）
由合生心皮的多室子房形成的果實，具多種開裂形式。

瘦果（achene）
單心皮不開裂之乾果，果皮與種皮分離不癒合。

胞果（utricle）
成熟果實的果皮成薄膜狀，乾燥且不開裂，果皮與種皮分離。

翅果（samara）
成果果實的果皮發育為翅狀構造，果皮與種皮一般不分離。

堅果（nut）
成熟果實之果皮堅硬，內含一顆種子。

離果（schizocarp）
由多室子房形成，成熟後子房各室分裂為單獨之小果。

肉果

柑果（hesperidium）
外果皮為皮革狀，子房內閉具隔膜，子房內壁於果實發育過程中形成汁囊。

漿果（berry）
果實成熟時，中果皮及內果皮多汁。

核果（drupe）
中果皮多汁，內果皮木質化包被種子。

仁果（pome）
由下位子房或周位子房發育而來，花托筒發育為果實之一部分。

瓜果（pepo）
不具分隔的肉果，通常為三心皮及側膜胎座，外果皮通常為皮革狀。

聚合果（aggregate fruit）
由離生心皮雌蕊發育而來的果實類型，此種類型是由一朵花發育而來，又稱為集生果。

多花果（multiple fruit）
由整個花系一起發育而來的單一果實，又稱之為複果、聚花果。

水果顏色速查表

紅 色

仁果

蘋果 P.204

西洋梨 P.218

核果

芒果 P.42

海棗 P.60

蛇皮果 P.62

大果黃褥花 P.136

楊梅 P.156

紅棗 P.192

李 P.206

桃 P.214

荔枝 P.252

紅毛丹 P.254

梨果

山楂 P.196

聚合果

覆盆子 P.222

蓇果

洛神葵 P.138

蓇葖骨

蘋婆 P.280

漿果

卡利撒 P.54

仙人掌果 P.84

火龍果 P.86

毛柿 P.94

蔓越莓 P.98

羅比梅 P.110

馬來蓮霧 P.168

蓮霧 P.170

單子蒲桃 P.173

稜果蒲桃 P.173

安石榴 P.188

神秘果 P.259

醋栗 P.268

穗醋栗 P.269

樹番茄 P.270

咖啡 P.224

紅 色

漿果

番茄 P.272

西印度櫻桃 P.284

瘦果

草莓 P.202

多花果

四照花 P.82

堅果
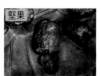
腰蘋果 P.41

橙 色

仁果

枇杷 P.200

柑果

葡萄柚 P.235

椪柑 P.236

橙類 P.238

茂谷柑 P.240

桶柑 P.241

其他柑橘屬水果 P.242

四季橘 P.244

金柑 P.248

枳殼 P.249

核果

杏 P.208

種實核果狀

銀杏 P.112

漿果

木瓜 P.80

柿子 P.92

爪哇鳳果 P.116

山鳳果 P.118

甜百香果 P.182

番茄 P.272

祕魯苦蘵 P.274

可可 P.282

黃 色

仁果

榲桲 P.198

東方梨 P.220

瓜果

西瓜 P.88

甜瓜 P.90

多花果

鳳梨 P.72

柑果

佛手柑 P.234

核果

芒果 P.42

白果仁（銀杏胚乳） P.113

聚合果

羅林果 P.49

蒴果

榴槤 P.68

黃 色

浆果

黃刺龍果 P.87

西印度醋栗 P.102

蛋樹 P.122

蘭撒果 P.140

香蕉 P.154

楊桃 P.178

蛋黃果 P.260

黃晶果 P.264

南美香瓜茄 P.276

綠 色

仁果

蘋果 P.204

西洋梨 P.218

鴨梨 P.221

瓜果

西瓜 P.88

甜瓜 P.90

多花果

波羅蜜 P.144

小波羅蜜 P.146

柑果

柚子 P.228

萊姆 P.230

檸檬 P.232

台灣香檬 P.242

核果

土芒果 P.42

太平洋欖仁 P.46

檳榔 P.56

椰子 P.58

橄欖 P.74

錫蘭橄欖 P.96

美洲胡桃 P.126

印度棗 P.194

梅 P.212

台東龍眼 P.256

聚合果

鳳梨釋迦 P.48

釋迦 P.50

麵包樹 P.142

綠 色

聚合果

其他番荔枝屬水果 P.52

蓇果

馬拉巴栗 P.70

蓇葖果

可樂果 P.278

漿果

Baby奇異果 P.38

油柑 P.104

番石榴 P.160

草莓番石榴 P.162

蒲桃 P.166

二十世紀蓮霧 P.170

香拔 P.172

鳳梨番石榴 P.172

木胡瓜 P.176

黃百香果 P.180

白柿 P.226

星蘋果 P.258

醋栗 P.268

堅果

澳洲胡桃 P.186

穎果（食用部分為莖桿）

白甘蔗 P.114

隱花果

愛玉子 P.150

褐 色

核果

開心果 P.44

石栗 P.100

枳椇 P.190

巴旦杏 P.210

龍眼 P.250

堅果

腰果 P.40

榛果 P.64

栗子 P.108

七葉樹 P.124

毬果

紅松 P.184

莢果

羅望子 P.106

蒴果

猢猻木 P.66

褐 色

猴胡桃與巴西栗P.134

漿果

奇異果P.38

山陀兒P.141

黃皮P.246

人心果P.262

假核果

核桃P.128

麻米蛋黃果P.266

紫 黑 色

聚合果

黑莓P.222

多花果

桑椹P.152

核果

爪哇橄欖P.76

菲島橄欖P.78

酪梨P.132

油橄欖P.174

李P.206

櫻桃P.216

菁莢果

木通果P.130

漿果

藍莓P.99

山竹P.120

嘉寶果P.158

肯氏蒲桃P.164

百香果P.180

葡萄P.286

穎果（食用部分為莖桿）

紅甘蔗P.114

隱花果

無花果P.148

白 色

漿果

蓮霧P.171

堅果

腰果P.40

澳洲胡桃P.186

毬果

松子P.184

核果

中藥材杏仁P.208

如何使用本書

　　本書收錄了聯合國糧農組織統計的世界重要水果、台灣經濟果樹及其他次要水果共168種。依科分類，以清晰的去背圖與豐富的文字圖說，詳細記錄水果的科名、學名、產地、花期、識別重點、別名、英文名等必備知識。全書依照水果科名及學名順序進行編排，在此介紹個論的編排方式：

① 物種的中文名，這裡採用的是本種水果的統稱
② 物種介紹，包括本種水果的原產地、栽培地點、發展歷史、食用方式、有趣故事等
③ 本種植物在分類學上的科名
④ 本種水果在台灣產期與花期
⑤ 本種水果在台灣的產地，依栽培面積排序
⑥ 清晰的去背圖片，以拉線圖說的方式說明本種植物的細部特色，有助於辨識
⑦ 本種水果的其他中文名稱
⑧ 本種水果的英文名稱
⑨ 國外產地、市場及拍攝地點

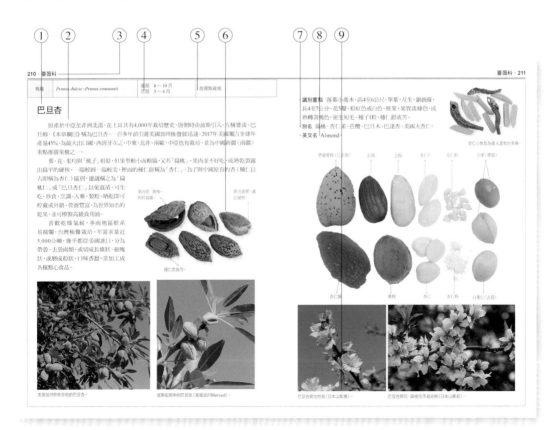

| 獼猴桃屬 | 1.中華獼猴桃：*Actinidia chinensis*
2.美味獼猴桃：*Actinidia deliciosa* | 產期 10 ～ 12 月
花期 5 ～ 6 月 | 新竹尖石、桃園復興較多。 |

奇異果

　　原產於中國長江、珠江流域，因味道很酸，自古以來主要是當作藥用植物。一百多年前引進歐美後改良為果樹，以紐西蘭在育種上貢獻最大並率先量產與外銷，並以特有種 Kiwi 鳥為名行銷各國，其他國家直到1981年以後才有外銷。

　　屬於爬藤植物，溫帶國家常栽培於庭院、公園供觀賞，須配植雄株幫助授粉與結果。果實富含澱粉，後熟轉化成糖即可食用。最大產地是中國，身為奇異果的原產國，近年來也致力於品種改良，成果豐碩。出口數量和金額則以紐西蘭遙遙領先，價值約10億紐幣，為最重要外銷水果，其它國家市佔率不高。其成就歸功於以果農為股東所組成的 Zespri公司，每年均預先擬妥產銷計畫限額生產，不易生產過剩。Zespri並安排海外栽培以求全年穩定供貨，利潤由公司及果農共享。果農除了契作的收入還可分紅，年平均收入超過400萬台幣。

　　台灣於1976年引進試種，高冷地栽培均能豐產，平地嫁接栽培也能結果，但仍以紐西蘭進口為主，品質整齊，每年需求量超過2萬公噸；從義大利、法國、中國、智利、美國等國進口的數量則較少。

雄花5瓣，可提供花粉。

Zespri Gold俗稱黃金奇異果。

種子細小似芝麻。

綠肉的Hayward是全球最普及的品種。

果肉含葉綠素故呈綠色，不含葉綠素則為黃或其他顏色。

日本育成的彩虹紅奇異果，果心紅色。

・**識別重點** 多年生落葉性藤本，全株有毛。藤狀莖長5至8公尺，多分枝，沒有卷鬚，由枝條旋繞生長。葉片互生，略圓或心形。雌雄異株或同株，雌雄同花或異花，5瓣，白色，芳香。漿果，果面有毛，開花後約半年成熟。

・**別名** 獼猴桃、羊桃、藤梨、毛梨、萇楚、中國鵝莓、中國醋栗。

・**英文名** Kiwi、Kiwi Fruit、 Chinese Gooseberry。

奇異果雌花，人工授粉或放養蜜蜂授粉幫助著果。

俗稱「Baby奇異果」的美國改良品種。

軟棗獼猴桃（*Actinidia arguta*）的改良種—Baby奇異果，果徑2至3公分（日本山梨縣）。

台灣原生的台灣羊桃（*A.chinensis* var. *setosa*），可作為奇異果雜交育種的材料。

紐西蘭北島的奇異果園。

腰果屬	*Anacardium occidentale*	產期 6～7 月 花期 1～4 月	中南部零星栽培

腰果

　　原產於巴西東北部，十六世紀末由葡萄牙水手引進東非和印度，最初是當作水土保持的樹木，之後逐漸被人食用。目前印度、非洲、東南亞、中南美洲熱帶地區廣為栽培，產量在堅果中排名第一，以越南的產量397萬公噸居首，印度次之。帶殼腰果最大出口國為迦納，去殼腰果以越南外銷最多，為越南僅次於稻米、咖啡的外銷農產品。台灣的腰果幾乎都從越南進口，年需求量一千多公噸。

　　果實腎形，晒乾或烘乾後包裝貯藏。去殼後為白色種仁「Cashew-Nut」，可油炸、鹽炒、糖漬、入菜或切碎混合於巧克力中。種仁亦可榨油，為上等食用油。「果托」似小型的蓮霧，橙紅色，俗稱「腰蘋果」(Cashew-Apple)，富含維生素C，可鮮食、製果汁、果醬、果凍、蜜餞、釀酒、泡菜。腰蘋果極易脫落與酸敗，以巴西生產較多，市場上難得一見，台灣未見販售。

　　播種或嫁接繁殖，不耐移植，幼苗怕寒冷，南部較宜栽培。漆樹科植物大多含有樹脂，腰果也不例外，果殼汁液具黏性有刺激味，可製造油漆、塗料，葉片與樹皮可提煉黑色染料，釀製後的樹皮可當作避孕藥。

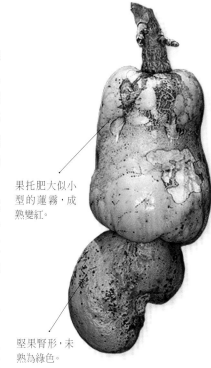

果托肥大似小型的蓮霧，成熟變紅。

堅果腎形，未熟為綠色。

堅果具硬殼。

種仁「腰仔」形。

腰果剖面

去殼後帶膜皮。

蜜汁腰果

剖半去殼後的種仁。

- **識別重點**　常綠小喬木，高5至10公尺，常修剪矮化便於採收。單葉，互生，葉緣易反卷。圓錐花序，開於枝梢，花紅色，5瓣。堅果，腎形，內藏彎曲的種子一枚。
- **別名**　介壽果、檟如樹、雞腰果。
- **英文名**　1. 腰果：Cashew、Cashew-Nut
  2. 腰蘋果：Cashew Apple.

葉片卵形或倒卵形，光滑無毛。

常綠小喬木，台灣南部可栽培供觀賞。

花瓣紅色，具紫紅色縱條紋，展開後向外反卷。

成熟掉落的果托（腰蘋果）與堅果。

開花於枝梢。

| 芒果屬 | *Mangifera indica* | 產期 5 ～ 10 月，5 ～ 7 月盛產
花期 2 ～ 3 月盛開 | 改良種：台南市、屏東縣（以上為超過 4,000 公頃）
土芒果：屏東縣（超過 1,700 公頃）） |

芒果

原產於印度至緬甸。華南、中南半島也有同屬的野生芒果，但野生芒果多半種子大果肉薄，甚少食用，經濟價值不高。

自古即為印度的特產，產量獨占鰲頭，中國華南、東南亞、澳洲、中南美洲、非洲等熱帶地區也普遍栽培。全球產量在常綠性木本果樹中僅次於柳橙。

俗稱的「土檨仔」為荷蘭人自南洋引進台灣，最初種植於台南六甲一帶，至今南台灣尚存許多早期的土芒果林蔭大道。芒果是台灣種植最多、產量最高的木本果樹，論栽培面積以台南市居首，產期則以屏東縣最早。日本因冬季濕冷不適合栽培芒果，僅宮崎、鹿兒島、沖繩少量栽培於溫室，每年需從墨西哥、菲律賓大量進口。台灣的愛文芒果也積極搶攻日本市場，果色鮮紅，香甜多汁，價格不斐卻很受歡迎，每年出口一千多公噸，並外銷東南亞、韓國、中國、紐、澳。

除供鮮食，亦可製乾片、罐頭、果汁，深受歐美人士喜愛，被譽為三大美味水果之一。未熟果可製果醬、情人果。木材可製木箱，早年從印度銷往中國的鴉片就曾用它來裝箱。

1954年從美國佛州引進的愛文芒果為台灣的外銷主力品種。

在東南亞、印度，芒果葉可用於食物料理（新加坡）。

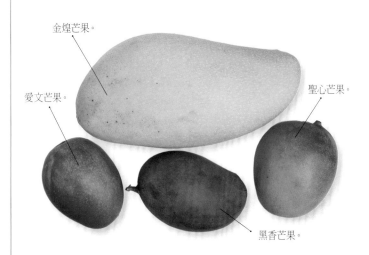

金煌芒果。

愛文芒果。

聖心芒果。

黑香芒果。

土芒果結果。

· **識別重點** 常綠喬木，高可達20公尺，常矮化成2至3公尺，具脂狀樹汁。單葉，互生。圓錐花序，著生於枝梢，花5瓣，淡黃色，有酸味。每花序有花1,000朵以上，但結實數在10個以下。核果，重100至2,700公克不等。種子1枚。

· **別名** 檬果、樣仔、蜜望子、印度芒果。

· **英文名** Mango、Indian Mango。

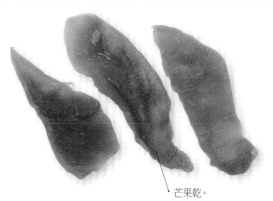

芒果乾。

去皮的土芒果。

泰國曼谷的marian plum，中文名稱很多：美女芒、美女梅、庚大利、芒邦。是芒果的遠房親戚。

泰國曼谷的蜂蜜芒果。

土芒果開花，以屏東縣栽培最多。

屏東楓港、枋山的芒果園，經過矮化易採果。

愛文芒果開花時常放養蒼蠅協助授粉。

黃連木屬	*Pistacia vera*	產期 8 ～ 9 月 花期 4 ～ 5 月	台灣無經濟栽培

開心果

　　開心果原產於西亞至中亞山區，喜歡乾燥少雨、陽光充足的環境，自古即為波斯珍貴的物產。南歐、中東、中國新疆、北非、美國加州都有種植，全球年產量一百多萬公噸，以伊朗占51%為最多，美國次之。台灣曾有業者引進栽培，因氣候潮濕多雨，植株不易存活。

　　主要分為長果形與圓果形，種仁淡綠色或乳白色，含油量54至68%，富含油酸、亞油酸且低膽固醇，可榨製上等食用油。乾果口感佳而營養豐富，並可製作糕點、抹醬、人造奶酪、冰淇淋。市場上的乾果幾乎都由伊朗進口，年需求量約2,500公噸。

　　開心果分為雌株與雄株，配植不同品種的授粉樹能使結果良好。果實成熟後會裂開，攤晒或烘烤可降低含水率，久藏則易變質。開心果樹齡極長，可持續結果300至400年。

　　同屬植物中，台灣常見的為黃連木（*P.chinensis*），可作為開心果的嫁接砧木，其種仁亦可食用，只是種仁太小而無經濟價值。乳香黃連木（*P.lentiscus*）的樹脂稱為「乳香脂」，可入藥，並用來咀嚼，為古人的口香糖嚼料。

內果皮乾燥後裂開，故名開心果。

開心果結果枝，成熟的果實有紅暈（美國加州）。

- **識別特徵** 落葉小喬木，高3至6公尺，樹冠開張。奇數羽狀複葉，小葉3至7片，卵圓形，長5至10公分，全緣，無毛。圓錐花序，生於葉腋，芳香，無花瓣。核果卵圓形，長約2公分，成熟時帶紅色，殼硬質而平滑，種子1粒。
- **別名** 阿月渾子、胡榛子。
- **英文名** Pistachio。

乳香黃連木的樹脂可用來咀嚼。

小葉尖而細。

黃連木可作為開心果嫁接的砧木，嫩葉晒乾可泡茶飲用。

羽狀複葉，小葉卵形，全緣（美國洛杉磯）。

等距離栽培，便於機械化管理的開心果園（美國加州中央谷地）。

黃酸棗屬	*Spondias cythera*	產期 全年 花期 5 ～ 11 月為主	各地零星栽培

太平洋楹棓

　　原產於太平洋熱帶島嶼，越南、馬來西亞、印尼爪哇、夏威夷等熱帶地區有栽培，果實多半打碎後生食、切片醃漬、與肉類同煮、製果醬。日治時期自夏威夷引進，由於果實味酸，肉質纖維較粗，且樹高20公尺摘採不易，該品種至今栽培不多。

　　近年來中南部庭園、農場流行的是矮性的品種，扦插苗6個月即可開花，樹高1至2公尺即可結果，成株高2至4公尺，幾乎全年結果，花市中常當成盆栽販售。果實帶有特殊香氣，果肉淡黃色，汁多味酸，成熟後轉為黃橙色。

　　嘉義縣中埔鄉的豐山生態園區栽培頗多，於果實6至7分熟、果核纖維尚未硬化時採下（約開花後100至115天），川燙後迅速冷卻、切開糖漬成蜜餞，稱為「莎梨」，也稱為無籽橄欖，爽脆酸甜的口感風味似青芒果，很受遊客歡迎。傳統市場上偶有鮮果零售，有興趣的讀者可買回家自己加工食用，亦可炒肉絲、煮湯，或添加梅子粉、鳳梨等打成綜合果汁。

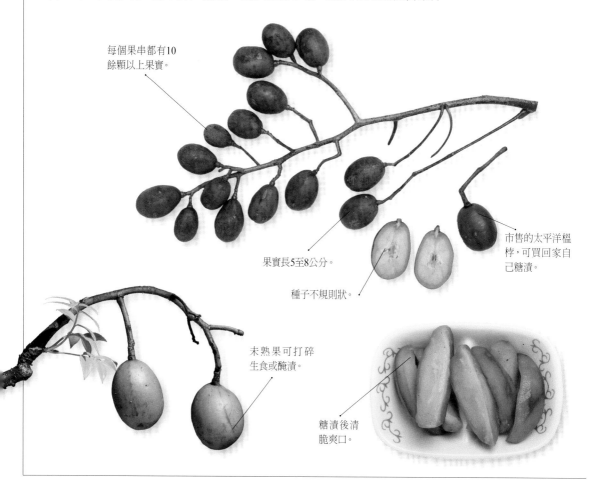

每個果串都有10
餘顆以上果實。

果實長5至8公分。

種子不規則狀。

市售的太平洋楹棓，可買回家自己糖漬。

未熟果可打碎生食或醃漬。

糖漬後清脆爽口。

- **識別重點** 落葉性喬木，高可達20公尺，矮性種高2至3公尺。奇數羽狀複葉，互生，長20至60公分，小葉對生7至25片，光滑無毛，細鋸齒緣。圓錐花序，著生於新生枝端，兩性花，5瓣，黃白色。核果，橢圓形，種子5粒。
- **別名** 莎梨、大溪地蘋果、大溪地橄欖、南洋橄欖。
- **英文名** Tahitian Quince、Otaheite Apple、Hog-plum。

奇數羽狀複葉，細鋸齒緣，兩面光滑無毛。

圓錐花序，花5瓣，白色。

糖漬的太平洋橄欖——莎梨蜜餞。

矮性品種，高1至2公尺即可結果。

番荔枝屬	*Annona ×atemoya*	產期 10～2 月 花期 9～11 月	台東縣（超過 2,700 公頃）

鳳梨釋迦

　　為釋迦與冷子番荔枝的人工雜交種，美國佛州、以色列、澳洲有栽培。果肉相連不易分開，鱗目間的裂紋淺而平滑，食用時必須削皮切塊，糖度可達23至30度。

　　1965年由以色列引進台灣，在自然情況下夏季結果，易裂果影響品質，一度不利於推廣。後來比照釋迦採用夏季修剪的方式，生產10至翌年2月的冬季果，避免裂果現象，中南部和東部栽培乃日漸普及。以台東縣栽培面積最大，果肉甜、富彈性、籽不多，風味佳，售價高，為農曆年間送禮的高級水果。近年來外銷香港、中國、新加坡、印尼、日本，成績斐然。

　　番荔枝科水果具有花朵雌蕊先成熟的特性，鳳梨釋迦也不例外，需人工授粉提高結果率，改善果形，增加產量。以鮮食為主，冷藏或冷凍後風味更佳，亦可製成果汁、果醬、冰沙、冰淇淋或冰棒。

- **識別特徵**　半落葉性小喬木，修剪後高2至3公尺，分枝上揚或略下垂。單葉，互生，全緣。兩性花，腋生，下垂性，肉質，6瓣，黃綠色，花型類似釋迦而較大。聚合果圓錐形、心臟形或球形。種子黑色。
- **別名**　旺來釋迦、奇異釋迦、奇美釋迦、蜜釋迦。
- **英文名**　Atemoya、Custard Apple。

外花瓣3片，黃綠色。

鳳梨釋迦常削皮切塊食用。

鳳梨釋迦的果形常不圓整。

台東地區的鳳梨釋迦果園。

羅林果屬	*Rollinia mucosa*	產期 12 ～ 5 月 花期 11 ～ 2 月	中南部及東部零星栽培

羅林果

　　原產於中南美洲熱帶地區，和「釋迦」為不同屬的植物，屬名*Rollinia*有時也音譯為樓林果。為巴拉圭、巴西常見水果，中南美洲、西印度群島、菲律賓亦有栽培。果實比鳳梨釋迦更大，在國外曾重達5.7公斤，直徑約22公分，國內栽培可超過2台斤。

　　喜歡溫暖，嘉義、屏東、台東、花蓮農民零星種植食用兼觀賞，市場上尚無販售。

　　開花後4至5個月果實成熟，不具後熟作用，果皮轉黃、肉棘變軟而張開才能採下。果肉（假種皮）乳白色，不易分離，可比照鳳梨釋迦切開食用，汁多微甜而略酸，糖度約12至16度（釋迦約18至21度），口感有待改良。可生食、製成冰淇淋，或去籽後加入牛奶、糖水、養樂多、鳳梨或木瓜打成果汁。

- **識別重點**　半落葉性小喬木，高3至6公尺。單葉，互生，長橢圓形，長20至28公分，兩面有短毛。花3朵以上簇生於葉腋，繖房狀，下垂性，通常只有1朵能發育為果實。聚合果，表面有軟棘狀果鱗。種子十餘粒，淺褐色。
- **別名**　瓣立樓林果、樓林果、婁林果、霹靂果、牛奶釋迦。
- **英文名**　Wild Sweetsop、Birba。

果面有肉棘狀果鱗。

黃熟的果實，果鱗先端褐化或變黑，果肉軟化。

果面有軟棘狀果鱗，又名霹靂果。

花被扁橢圓形，黃色，有毛。

| 番荔枝屬 | *Annona squamosa* | 產期 7～9 月，產期調節後 11～1 月
花期 4～9 月 | 台東縣（超過 2,400 公頃） |

釋迦

　　原產於中南美洲、西印度群島，為著名的熱帶水果，印度、斯里蘭卡、東南亞、中國華南也有種植。荷治時期自爪哇引進台灣。

　　早期的釋迦一年一收，市價不高。經過不斷的改進，研究出冬季修剪（生產夏季果）、夏季修剪與摘葉（生產冬季果）等技術，樹形矮化便於管理，一年可生產二次，產量與品質大為提高，利用燈照更可延後開花，將產期延至3至5月。為台東最重要的經濟果樹，栽培面積約占全台80%，口感極佳，品種以大目種為主，一顆重達1至2台斤，每屆產期常沿路以箱擺售，令遊客食指大動，為著名伴手禮。

　　花朵具有雌蕊先成熟的特性，當雌蕊柱頭有受粉能力時，雄蕊的花藥尚未打開，藉由人工授粉可提高著果率，並讓果形發育圓整，提升商品價值。當鱗溝展開，露出奶油色即可採收，再經後熟軟化，澱粉轉成糖分就可食用。果肉甜香，以鮮食為主，亦可製果醬、飲料、醋、酒或冷凍釋迦。

花瓣外輪肉質，黃綠色。

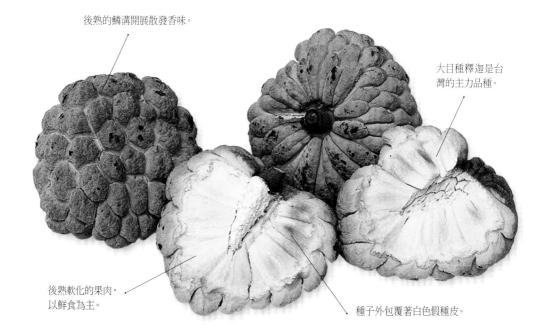

後熟的鱗溝開展散發香味。

大目種釋迦是台灣的主力品種。

後熟軟化的果肉，以鮮食為主。

種子外包覆著白色假種皮。

- **識別重點** 半落葉性小喬木，高2至5公尺，枝條略下垂。單葉，互生，全緣，具特殊氣味。兩性花，單生或2至4朵簇生，花瓣外3片肉質，黃綠色；內3片細小。聚合果，種子黑色，假種皮乳白色，香甜可食。
- **別名** 番荔枝、佛頭果、釋迦果、梨仔。
- **英文名** Sugar Apple、Sweetsop。

鱗溝未轉色，尚不能採收。

鱗溝展開，露出奶油色即可採收。

台東地區的釋迦園。

果鱗紫色的釋迦品種，果肉易軟化。

		產期 1.冷子番荔枝：9～2月 　　 2.圓滑番荔枝：9～11月 　　 3.山刺番荔枝：7～9月 　　 4.刺番荔枝：7～11月 　　 5.牛心梨：2～6月 花期 1.冷子番荔枝：5～7月 　　 2.圓滑番荔枝：3～6月 　　 3.山刺番荔枝：4～10月 　　 4.刺番荔枝：4～11月 　　 5.牛心犁：6～12月	
番荔枝屬	1.冷子番荔枝：*Annona cherimola* 2.圓滑番荔枝：*Annona glabra* 3.山刺番荔枝：*Annona montana* 4.刺番荔枝：*Annona muricata* 5.牛心梨：*Annona reticulata*		中南部零星栽培

其他番荔枝屬水果

　　原產於墨西哥至巴西、西印度群島一帶，大多於日治時期引進台灣，果實後熟變軟才可食用。

圓滑番荔枝的內花瓣基部紫紅色。

　　冷子番荔枝：原產於祕魯、厄瓜多中海拔山區，較適宜偏涼氣候，西班牙、智利、美國佛州、加州等廣泛栽培，風味似釋迦但甜味較少而微酸，水份不多，營養豐富，被歐美人士譽為三大美味水果之一。國人熟知的「鳳梨釋迦」即為其與「釋迦」之人工雜交種。

　　圓滑番荔枝：果面平滑無鱗，肉質略酸而味淡，可加糖煮食或製果醬、飲料、釀酒。樹根輕軟，可當作軟木代用品。

　　山刺番荔枝：果形較圓整，果面長滿軟鉤，果肉有香氣而略酸，台南一帶有用來製成冰淇淋。

　　刺番荔枝：外形與前者類似，但果形較長，肉質綿Q，甜度、香氣不如釋迦。

　　牛心梨：肉質酸甜，風味尚佳，大概分為橘黃色及紫紅色種。在國外曾混合蔬菜、豆類煮食。可當作「鳳梨釋迦」的嫁接砧木，種子可當作驅蟲劑。

圓滑番荔枝的果面無果鱗。

左：南美香瓜茄；右：冷子番荔枝（美國波士頓）。

冷子番荔枝的未熟果（美國洛杉磯）。

- **識別重點** 常綠小喬木，高5至8公尺。單葉，互生，全緣。花朵開於新梢、葉腋或枝幹，單生或3至6朵簇生，下垂狀。外層花瓣3片，肉質，白綠、黃或黃綠色，狹長或闊三角形；內層花瓣小型或退化。聚合果，圓、長圓或歪圓形，果面光滑或有棘狀軟鉤。種子黑或褐色，數十至百餘粒。

- **英文名** 1. 冷子番荔枝：Cherimoya；
  2. 圓滑番荔枝：Pond-apple、Alligator-apple、Monkey-apple、Cork Wood；
  3. 山刺番荔枝：Mountain Soursop；
  4. 刺番荔枝：Soursop；
  5. 牛心梨：Rullock's Heart、Custard-apple。

山刺番荔枝的果形較圓渾。

山刺番荔枝的外層花瓣肉質，黃色。

刺番荔枝的甜度與口感不如釋迦。

刺番荔枝的果形較長，果面有棘狀軟鉤。

東南亞的刺番荔枝，俗稱紅毛榴槤（新加坡）。

果色偏紅的牛心梨。

卡利撒屬	*Carissa grandiflora*	產期 6 ～ 12 月較多 花期 3 ～ 10 月較多	中南部零星栽培

卡利撒

　　原產於巴西，中南美洲、美國加州、佛州、印度、斯里蘭卡、東南亞、南非、莫三比克也有栽培、食用。日治時期引進台灣，中文名稱是由屬名*Carissa*音譯而來，依果形分為長果與圓果二型。園藝業者為刺激買氣美其名為「美國櫻桃」，其實它和進口的薔薇科「甜櫻桃」並無相關。終年常綠，全年可開花，花朵純白具香氣。未熟果可製蜜餞，或鞣製皮革、當作染料；成熟果桃紅色，適於庭園美化、盆栽觀賞。果肉粉紅或紅色，具白色乳汁，微甜而略酸，多汁，含豐富的維生素C、鎂、磷，可鮮食，國外並用來製果醬、果汁、糖漿或布丁。

　　植株耐旱，喜歡溫暖，中南部容易培栽。媒體報導，台中梧棲中二路兩旁有種植，開花結果期曾有民眾誤以為是蔓越莓（卡利撒果長3至4公分，兩者相差很大）而摘食以求「抗氧化」。它含有「強心配醣體」成分，少量三、五顆可安心食用，過量才可能會造成心律不整。藥理研究發現它的未熟果、根部具有降血糖、護肝之效，具開發價值。

　　植株有刺，可當綠籬，另有無刺或少刺品種但不常見；斑葉卡利撒葉片有黃斑，觀葉效果較高。

　　同屬的小果卡利撒（*C.carandas*）引進台灣較晚，結果量較多，成熟果紫黑色，可製作果醬。

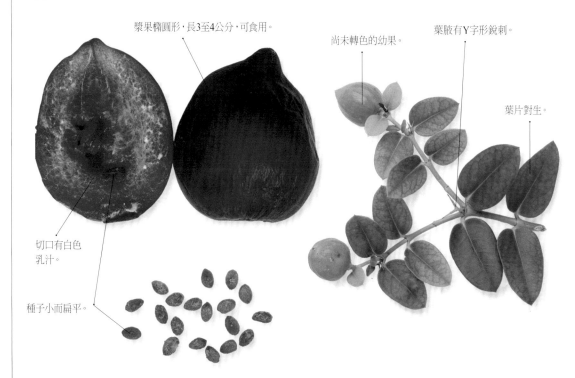

漿果橢圓形，長3至4公分，可食用。

尚未轉色的幼果。

葉腋有Y字形銳刺。

葉片對生。

切口有白色乳汁。

種子小而扁平。

- **識別重點**　常綠灌木，高1至3公尺，分枝常橫生。全株具白色乳汁，分枝、葉腋有Y字形銳刺，對生，長1至2公分。單葉，對生，卵形或近圓形，先端有小短突，厚革質，長3至7公分，葉柄短。聚繖花序，大多開於枝端葉腋，白色，5裂。漿果，柔軟多肉，種子6至22粒，扁平。
- **別名**　大花假虎刺、大花卡梨撒、丹吾羅
- **英文名**　Carissa、Natal Plum、Bigfruit Carissa。

長果型卡利撒，葉形也較長。

果實橢圓形，常兩兩相對而生。

卡利撒的花朵具怡人的香氣。

斑葉卡利撒的植株較低矮，刺較短小。

小果卡利撒果實多，葉橢圓形，盆栽售價不菲。

小果卡利撒葉片橢圓形，花白色，葉腋的刺對生，不分岔。

檳榔屬	*Areca catechu*	產期 12 ～ 5 月，1 ～ 2 月最多 花期 7 ～ 8 月	南投縣、屏東縣、嘉義縣 （以上為超過 7,000 公頃）。

檳榔

　　原產於馬來西亞，以印度年產量約占全球五成居首，印尼次之，台灣也有盛產，但已退居世界第五位，南亞與東南亞、大洋洲、東非、美國佛州、中南美洲也都有栽培。

　　古時候嶺南人於客人拜訪時常以此果待客，故名「賓郎」。檳榔是一種藥用植物，適量食用有趨蟲、驅寒、利尿之效。也是嗜好料作物，消費量極大，據統計全國成年人口嚼食檳榔比率達11.25%。由於栽培管理容易，成本不高，各果園、山坡多少都有種植，為許多農家的重要財源，年產值約90億元，在青果中僅次於鳳梨。

　　市場上習慣將檳榔分為白肉及紅肉兩大類，以白肉檳榔單價較高，市售的幾乎都是白肉檳榔。除供內需也有少量外銷中國、留尼旺，2至4月為淡季時並自泰國進口。

　　檳榔含有丹寧、檳榔鹼等生物鹼，國際癌症研究中心(IARC)已將檳榔、菸草並列為第一級致癌物，據統計九成的口腔癌患者與嚼食檳榔有關，因此及早戒食將有益健康。

檳榔的雌花，開於花序分支的基部。

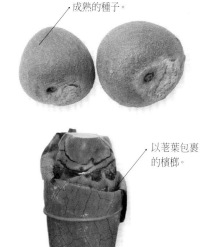

泰國曼谷待售的檳榔。

・**識別重點**　常綠喬木，莖直立不分枝，高15至20公尺，莖

過熟的黃色果，纖維老化。

適熟的綠色果。

成熟的種子。

以荖葉包裹的檳榔。

幹上有葉鞘脫落形成的環紋。羽狀複葉，生於莖的頂端，長約2公尺，小葉約20對。肉穗花序，雄花小而數量多，雌花生於分枝基部，數量較少。核果，成熟時橘色，種子1枚。

- **別名** 菁仔、青仔、螺果、仁頻。
- **英文名** Betel Nut、Betel、Areca Nut、Pinang、Penang。

。

每年可生長3至6個花序（果序），每果序結200至400顆果實。

檳榔果序。

檳榔幼果著生情形。

農友採割檳榔，於落地前接住果串，防止散落或損傷。

椰子屬	*Cocos nucifera*	產期 全年，4～7月盛產 花期 全年	屏東縣、台東縣、高雄市 (以上為超過 400 公頃)。

椰子

　　椰子的原產地說法不一，可能是馬來群島，成熟掉落的果實可飄洋過海到遠方的海灘而發芽，因此亞洲、非洲、大洋洲及美洲熱帶海濱廣泛分布，至少80多個國家有種植，印尼、菲律賓、印度為最大產地。每年約生產200億顆果實，但生產椰子汁(coconut water)僅占少量，大多加工成椰乾、椰絲、椰油等，為象牙海岸重要果樹之一，並為該國國花。

　　可全年開花，4至6個月後採收。椰子汁其實是液體狀的胚乳，富含葡萄糖、蛋白質、維生素、鐵、鉀等種子發芽所需的養分，可供飲用、醫療用或釀酒。隨著成熟度增加，椰汁逐漸凝結成白色固狀的椰肉，可晒乾取肉榨油。椰油(coconut oil)可烹煮食物，也能製成肥皂、化妝品、蠟燭、潤滑油、人造奶油等。榨油後的渣粕為牲畜的飼料。國產椰子幾乎只用來生產椰子汁，主要產自屏東。進口的椰子幾乎全來自泰國，年進口量約1萬公噸。罐裝椰汁飲料則來自泰國、印尼、菲律賓和越南。

　　鮮嫩的花序含有甜美的汁液(toddy)，割開後可收集飲用、釀酒或熬糖。嫩花序和生長點(髓心)也能炒食，口感類似檳榔筍而味道較甜。

東南亞傳統市場販售的椰子，可取肉供食用 (新加坡)。

泰國曼谷的椰子

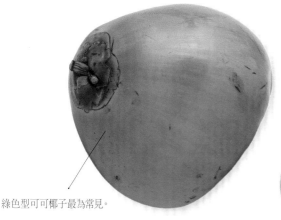

綠色型可可椰子最為常見。

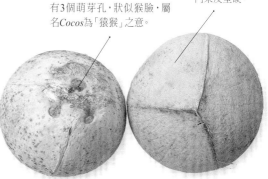

有3個萌芽孔，狀似猴臉，屬名*Cocos*為「猿猴」之意。

內果皮堅硬。

- **識別重點** 常綠喬木，高15至30公尺，不分枝，老年時主幹彎曲，幹基膨大。羽狀複葉，叢生於頂端，長5至7公尺。佛燄花序，雌雄異花，黃白色。雄花密生於花序頂端，約200至300朵；雌花疏生於分枝基部，一分枝不超過5朵。核果，開花後10至12個月成熟掉落。種子一粒，緊貼內果皮。
- **別名** 可可椰子、越王頭、胥耶。
- **英文名** Coconut、Coconut Palm。

椰子結果，叢生於幹梢葉腋。

高雄市六龜區新威一帶的椰林大道。

花序分支狀，雌花疏生於分支基部。

雄花密生於花序頂端，約200至300朵。

海棗屬	*Phoenix dactylifera*	產期 7～8 月盛產 花期 2～3 月	台南柳營

海棗

　　原產於北非、中東，為阿拉伯國家重要的經濟果樹。《聖經》中稱讚它「年老的時候仍要結果子」，《可蘭經》視它為「生命之樹」，並感激它提供甘甜果實和綠蔭，為以色列植樹節的造林植物之一。南亞、南歐、美國加州、中南美洲也有栽培，全球年產量八百多萬公噸，埃及為最大產地，最大出口國為阿拉伯聯合大公國。

　　有一千多個品種，大致分為軟肉、半乾肉與乾肉三類。播種或採下幹基的吸芽分株繁殖，僅雌株能結果，因此果園中應適量配植雄株幫助授粉。果實一簇簇生於葉腋，每簇多達數百顆，富含葡萄糖、果糖與其他營養素，後熟使甜度提高，可鮮食、晒乾、製果醬、蜜餞。切割雄花穗流出的液汁可煉糖或釀酒。樹姿優美，可作公園、校園觀賞樹。

　　台灣的海棗最初於日治時代引進，試種於嘉義，植株極高採收不易。台南的沈錦龍先生可能是國內最主要的栽培者，可提供宅配服務但須預訂以免缺貨，其品種為早年派駐中東的農耕隊楊耀弼博士所引進。

　　同屬的台灣海棗、羅比親王海棗的果實成熟時也可食用，但果實小果肉薄，經濟價值不高。

雌株開花，人工授粉可提高著果率。

種子一粒。

熟透的果實味道極甜。

海棗乾。

種子有縱溝。

- **識別重點** 常綠喬木，樹齡可達200年，幹基常叢生吸芽，高4至25公尺。羽狀複葉，長2至4公尺，小葉130至142對，基部小葉刺狀。雌雄異株，肉穗花序，生於葉腋，雌花柱頭3裂。核果，長橢圓形，授粉後4至6個月成熟，紅褐、紫紅或黃色。種子一粒。
- **別名** 棗椰子、椰棗、棕棗、無漏子。
- **英文名** Date Palm、Date、Edible Date。

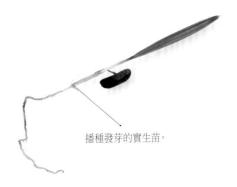

播種發芽的實生苗。

美國加州棕櫚沙漠的海棗園。

每年可結數個果序，柳營地區最多曾結18個果序。圖為沈先生幫海棗套袋。

結實纍纍的海棗，套袋可防鳥害。

| 蛇皮果屬 | *Salacca zalacca* | 產期 7 ～ 11 月
花期 11 ～ 12 月 | 中南部零星栽培 |

蛇皮果

　　若您曾到訪東南亞，可能看過蛇皮果，蛇鱗般的外殼第一印象就「很抱歉」，甚至害怕不敢吃。其實蛇皮果具有「內在美」，是東南亞大力發展的果樹之一，以印尼種植最多，但外銷數量尚少，印度、中國海南、雲南西雙版納也有引進。

　　果實大小似雞蛋，果皮薄，剝開後為1至3瓣的果肉，有特殊的氣味。至少有30個品種，有的酸有的甜，有的軟有的脆，大小、風味因品種而異，以印尼日惹、峇里島出產的最知名，優良的品種爽脆如蘋果，據說吃了會令人念念不忘。採收後分級、分粒，除供鮮食，也可晒製果乾、糖漬、釀酒。台灣亦有引進，但可能是環境氣候或品種的差異，開花後產量不多，果肉風味、品質都有待提升。

　　原產於印尼、馬來半島和泰國，在熱帶地區可終年開花結果，國內花市偶有販售盆苗。成株高大呈叢狀，栽培場地必須寬敞。葉柄布滿5至10公分的利刺，為阻絕小偷最佳的圍籬植物，但栽培管理時應慎防被刺傷。

蛇皮果植株，高可達8公尺。

泰國曼谷超市的蛇皮果。

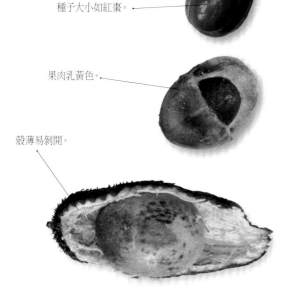

種子大小如紅棗。

果肉乳黃色。

殼薄易剝開。

果鱗帶有軟刺。

- **識別特徵** 多年生常綠性，高6至8公尺。莖幹短而不明顯，易分 成叢。羽狀複葉基生，長約3至6公尺，葉柄上有棘刺。雌雄同株或異株，花序鞭狀，由葉基抽出，花被紅色。核果，15至40顆簇生成球狀，果鱗覆瓦狀排列，尖端有軟刺，種子1至3粒。
- **別名** 沙拉克、沙拉克椰子、沙拉卡椰子、蛇鱗果。
- **英文名** Salak、Snake Fruit、Buah Salak。

蛇皮果的雄花序，花藥黃色。

蛇皮果雌花，會發育成果實。

蛇皮果盆栽，葉柄有刺，小葉互生。

葉柄上的棘刺環狀排列，刺長5至10公分。

蛇皮果結果，數十顆排列呈球狀。

| 榛屬 | 1. 歐洲榛：*Corylus avellana*
2. 平榛：*Corylus heterophylla* | 產期 9 ～ 10 月
花期 1 ～ 3 月 | 台灣無經濟栽培 |

榛果

　　許多人喜歡吃巧克力，榛果是巧克力糖常用的內藏果仁之一。

　　榛果大約有20種，以「歐洲榛」的經濟價值最高，產量最大。歐洲榛的最大產地和出口國是土耳其，產量約占全球三分之二，其果園集中在黑海南岸一帶，大多人工採收。義大利、美國等多以機械採收、去殼、分級、烘烤與加工。美國的榛果以奧勒岡州和華盛頓州栽培最多。歐洲、西亞、中亞、北非等溫帶國家也有栽培。

土耳其伊斯坦堡販售的榛果。

　　中國自古盛產的榛果為「平榛」，產自關中(秦國)，故名「榛」，像小一號的栗子，又稱為「榛栗」，可入藥，戰時充當軍糧。果殼較厚，果仁較小而味道較甜，和歐洲榛雜交後已育成適合中國氣候環境的優良品種。台灣的榛樹於中橫公路通車後引進，梅峰農場、福壽山農場有標本式栽培，因缺乏授粉樹及氣候因素，著果率不高，且發育不佳。市售的榛果主要從土耳其進口。

　　榛果成熟後極易脫落，在自然落果前應連苞採下，脫苞攤晒即可貯運。果仁可生食、炒食、加工成糕點、糖果、冰淇淋、巧克力配料。亦可榨油供食用、製作肥皂、化妝品。

種仁，有甜味。

切開的果殼。

市售的榛果油。

巧克力上的榛果果粒。

去殼歐洲榛　　歐洲榛　　*C. maxima*大果榛

平榛為中國自古即有的品種。

- **識別重點** 落葉性小喬木或大灌木，高4至8公尺，地面處易萌發蘗芽而成叢狀，可分株繁殖。葉片卵形或倒卵形，互生，葉緣重鋸齒狀。雌雄同株，雄花序下垂狀黃色，雌花柱頭紅色。堅果近球形，1至3個簇生於葉腋，基部有葉狀苞片。成熟時褐色，直徑1至2公分。
- **別名** 榛子、榛樹、山板栗、尖栗、榁子、榛栗。
- **英文名** Hazelnut、Filbert、Hazel、Cobnut。

福壽山農場的榛樹，結實量極為稀疏。

落葉樹，每年萌發新葉。

葉片卵形或倒卵形，重鋸齒緣。

雌花柱頭紅色，小而不明顯。

榛樹的雄花序。

巴黎植物園的歐洲榛。

雄花序下垂，屬於風媒花。

猢猻木屬	*Adansonia digitata*	產期 2～5 月 花期 7～12 月	各地零星栽培觀賞用

猢猻木

　　原產於舊大陸乾旱地區，共有8種，馬達加斯加產6種，非洲、澳洲各1種，為著名觀賞樹。狒狒喜歡群聚在樹上吃果實，也叫「猴麵包樹」，為塞內加爾的國樹。台灣引進的是原產於非洲的品種，胸圍可輕易突破3公尺，年紀輕輕即被列為受保護樹木。

　　根系極廣但入土不深，大雨後據說可吸足數千加崙的水分，漫漫歲月中展現旺盛生命力，非洲象喜歡剝去樹皮後取食組織補充水分。大多於旱季夜間開花，主要靠蝙蝠傳粉，雨水滋潤有助果實發育。成熟後掉落，果肉粉狀，含酒石酸及維生素C，可沖泡為飲料，台灣並無進口。

　　種子可食，並能榨油、烘焙成咖啡豆替代品，可收集販售，故稱為「非洲麵包樹」，但台灣並無人採集、食用。樹皮纖維可編繩製布，樹幹可供建材和薪材，中空的樹洞可當作房子、倉庫，甚至開酒吧。樹皮、葉片、果實、種子都可入藥，用途廣泛，被認為是值得推廣的「未來果樹」。

　　播種繁殖為主，初期成長快速，之後趨緩並橫向發展成酒瓶狀，是世界上最胖的樹之一，樹齡可超過1000年。因為人類砍伐與生育地沙漠化，巨木型猢猻木有日益減少的趨勢。

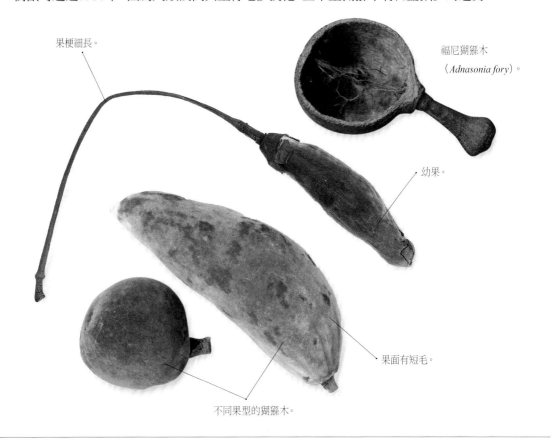

果梗細長。

福尼猢猻木
（*Adnasonia fory*）。

幼果。

果面有短毛。

不同果型的猢猻木。

掌狀複葉，小葉3至7枚，可當作綠色蔬菜和牲畜飼料。

花瓣外翻。

花梗長而下垂。

雄蕊筒白色。

雌蕊的花柱。

花絲眾多。

・**識別重點** 落葉性喬木，高5至20公尺，樹幹銀灰色有光澤，幹基膨大，分枝集中於頂端。掌狀複葉，互生，小葉3至7枚，全緣。花單生於去年生枝梢葉腋，下垂性，花梗長60至100公分，5瓣，白色，外翻，雄蕊筒白色，花絲約800枚。蒴果，被褐色短毛，長10至30公分，種子約100粒。

・**別名** 猴麵包樹、猢猻麵、非洲麵包樹、倒著長的樹、死老鼠樹。

・**英文名** Baobab、Baobab Tree、Monkey-bread Tree、Dead-rat Tree。

主幹巨大，北投區大度路三段列植為行道樹。

花梗極長，花絲粉撲狀，夜間開花為主，有香味。

猢猻木結果。

榴槤屬	*Durio zibethinus*	產期 6～8 月 花期 12～4 月	屏東較多

榴槤

　　原產於馬來西亞原始森林，為紅毛猩猩、印度象最喜歡的食物之一，吃完後隨意排便無形中幫忙散播種子。有「果中之王」的美稱，每屆產期，農民常在樹下搭屋守望，俟其掉落撿食，若為外銷則須提前摘取。泰國為最大產地，產量占全球四分之三，東南亞、中南美洲、北澳大利亞、新幾內亞、斯里蘭卡、印度、非洲等熱帶地區亦有栽培。

　　在東南亞約有8個野生種，一百多個品種，產期因品種、產地而異，台灣進口最多的「金枕頭」是屬於風味較淡的品種，在泰國於4至6月成熟。新鮮種子發芽率甚高，幼苗生長快速，但幼年期較長，十餘年後才進入結果期。台灣南部栽培的榴槤大多不開花，僅極少數植株結果。蝙蝠、蜜蜂或人工授粉均可幫助著果，生理落果後只剩十分之一。據農民表示，榴槤大多於冬末至早春開花，夏天果熟，有時6月份還會再次開花結果，有時全年無果。以「在欉」成熟掉落的最佳，放置1至2天，風味比進口的還好。

　　除供鮮食，亦可糖煮、鹽漬、冷凍、油炸，作成榴槤片、榴槤膏、榴槤粉、冰淇淋、餅乾、蛋糕或調製成飲料。

果皮極厚，密生三角形短刺。

成熟裂開，假種皮供食用。

種子亦可煮食，風味似栗子。

榴槤的花苞（新加坡）。

· **識別重點** 常綠果樹，高6至20公尺。單葉，互生，全緣，長橢圓形，先端銳尖。總狀花序，著生於主幹或主枝，5瓣，白色，夜間開花。蒴果，直徑15至25公分，重2至6公斤，密生木質化突刺。成熟裂成5室，每室有種子2至5粒。假種皮供食用。

· **別名** 流連、榴連。

· **英文名** Durian。

泰國曼谷販售的榴槤。

東南亞的榴槤糖。

葉片互生。

葉背密生黃褐色鱗片。

常綠喬木，高可達20公尺。

屏東地區結果的榴槤。

馬拉巴栗屬	*Pachira macrocarpa*	產期 7～9月、1～3月較多 花期 4～6月、10～12月較多	苗木栽培以彰化、雲林、屏東為主； 種子生產以南投、屏東最多。

馬拉巴栗

　　原產於墨西哥，中南美洲、夏威夷、東南亞、中國海南、日本沖繩也有栽培，日治時代引進，希望代替栗子供食用，故音譯為「馬拉巴栗」。果實成熟轉色即可採收，晒乾後裂開種子散落，富含脂肪，可烤煮、燉排骨湯、製罐頭，煮後香氣四溢，風味類似落花生，俗稱「美國土豆」。

右：五編型馬拉巴栗，是最常見的盆栽造型。

　　馬拉巴栗為日本人喜歡的觀賞植物，小品盆栽可擺於桌上，大型盆栽可置於玄關。台灣早年外銷的是單幹型，民國75年韋恩颱風襲台，彰化溪州一位王姓司機在家幫太太編辮子時，順手把馬拉巴栗編成麻花狀，外銷日本後反應熱烈，從此蔚為流行。現今三株、五株一編都有，以五編型最常見，規格亦多，另有網編型、嫁接的動物造型，繫上紅絲帶、金元寶更能增添喜氣。

　　馬拉巴栗是台灣栽培最多的觀葉植物，苗木栽培以彰化、雲林、屏東為主；種子生產以南投、屏東最多。可外銷日本、韓國、中國、荷蘭或美國，每年貿易額約2億元，為全球最大的出口國。目前也有台商至大陸、越南、泰國投資生產，再以低價策略搶占國際市場。

果長10至20公分，成熟裂開成五片。

種子直徑1至2公分，可代替栗子食用。

- **識別重點**　半落葉性小喬木，高可達6公尺，幹基略膨大，分枝常輪生。掌狀複葉，互生，小葉4至7片。花單生於新梢，5瓣，黃綠色，易脫落，雄蕊白色，200至250枚，雌蕊綠色。蒴果，長10至20公分，成熟轉為褐色，5裂，種子20至30粒。
- **別名**　美國花生、瓜栗、大果木棉、發財樹。
- **英文名**　Malabar Chestnut、 Cayenne-nut。

馬拉巴栗未成熟的蒴果。

分枝輪生，冬天會落葉。

班葉品種馬拉巴栗（新加坡）。

花有清香，花瓣黃綠色，反卷，雄蕊花絲白色，長13至16公分。

鳳梨屬	*Ananas comosus*	產期　全年均有，4～8月盛產，外銷以4～5月最多 花期　全年均有，集中於2～4月及7～8月	屏東縣、台南市、高雄市 嘉義縣（以上為超過1,500

鳳梨

原產於巴西，發現新大陸後隨著航海家與傳教士傳遍各熱帶地區。製成罐頭後仍能保持原有風味，深受歐美人士喜愛。亦可提煉鳳梨酵素、釀酒醋、製果汁、濃縮果汁、果醬、蜜餞、入菜。早年由華南引進的品種並用來採葉織成鳳梨麻布。

至少有100多個品種，Cayenne（開英）鳳梨酸度高香氣濃，為世界上栽培最廣的品種，適合製罐，日治時代曾大力推廣，1938年台灣的罐頭外銷量僅次於夏威夷、馬來西亞而排名世界第三。目前國內栽培的以鮮食用品種為主，幾乎都由嘉義農試所雜交育成，以台農17號「金鑽」最受喜愛，可外銷中國、日本、新加坡、香港、加拿大等國。近年來開英鳳梨（俗稱土鳳梨）再度翻紅，製成鳳梨酥極受青睞。

鳳梨屬熱帶作物，哥斯大黎加、菲律賓為最大產地，最大出口國為哥斯大黎加。亞熱帶栽培的果實品質會因季節因素而變化較大，緯度愈高果實發育愈小。日本僅沖繩少量生產鳳梨，市場上的鮮果幾乎都是從菲律賓進口的開英品種。英國、荷蘭等冷涼地區只能培育於溫室中，以觀賞為主。

鳳梨開花時，是從花序基層往上逐次開放，基部的果目最先成熟，因此「鳳梨頭」甜度最足，酸度則由果心往外遞增。

農民採收鳳梨。

泰國曼谷的珍珠鳳梨，果型比台灣的小。

冠芽可用於
繁殖，但目前
應用不多。
基層的果目較甜。

·**識別特徵** 多年生常綠草本，葉片劍形，葉緣有或無刺，尖端有刺。總狀花序自葉叢中抽出，50至150枚小花集合成松果狀。小花3瓣，紫色。多花果，表面有眾多果目（1個果目由1朵小花發育而成），果目上有宿存的苞片。通常種子發育不全。

·**別名** 王萊、菠蘿、黃梨、波羅、旺來、地菠蘿、黃萊、王梨。

·**英文名** Pineapple。

開英2號為俗稱的土鳳梨之一。

台農6號（蘋果），皮薄肉細、幾無纖維，汁多清脆。

台南關廟產製的鳳梨乾。

台農17號（金鑽），果肉深黃或黃色，糖度高酸度低，是最受歡迎的鮮食品種。

台農19（蜜寶），產量高，果肉黃或金黃色、肉質細，糖度高、風味佳。

花紫色，由基部往上分次開花。

橄欖屬	*Canarium album*	產期　9 ～ 11 月 花期　3 ～ 5 月	台東縣、南投縣（以上為超過 50 公頃）。

橄欖

　　原產於中國華南的常綠果樹，以中國栽培最多，福建福州為最大產地，東南亞、印度亦有栽培。初嚼其果實有酸酸的澀味，之後回甘有餘香，曬乾或陰乾可入藥，可生津止渴、開脾胃助消化，自古即為著名的保健食品。

　　台灣栽培零星而分散，僅新竹縣寶山鄉成立產銷班專事栽培、加工與行銷。10月前後成熟，因樹幹直挺攀爬採收不易，據古書描述：嶺南一帶的果農以木釘打入樹幹，或刻傷樹皮後塗抹鹽巴，果實一夕間自動脫落，而且對樹體並無損傷。台灣的採收方法類似梅子：先於樹下張網，再以竹竿敲打樹枝收集落果。可蜜漬、鹽藏，或佐以甘草、中藥、辣椒調味，並可製作橄欖粉、橄欖茶等保健品。

　　橄欖科的植物大多有膠黏性乳汁與香味，橄欖也不例外，古時候曾用來取膠汁，稱為欖香。混合樹皮、葉片煎熬後可填補木船的縫隙，堅於膠漆。

果肉回甘，肉質較脆。

果實橢圓。

果核兩端尖銳。

新竹寶山農會販售的橄欖食品。

圓錐花序，開於枝梢或葉腋，花白色，小型。

·識別特徵 常綠喬木，高3至25公尺。樹液有膠黏性芳香味。羽狀複葉，互生，小葉11至15片對生。圓錐花序，開花於枝梢或葉腋。3瓣，乳白色，花小不明顯。核果，略成橢圓形，成熟時淡黃色。果核兩頭銳尖，內藏種子1～3粒。

·別名 白欖、青果、綠欖、甘欖、青欖、中國橄欖。

·英文名 Kanran、Chinese Olive。

橄欖結果，成熟時黃綠色。

未熟果青綠色，也稱為青欖。

橄欖（羽狀複葉）。

▶三種以「橄欖」為名的植物，葉形不同。

錫蘭橄欖（鋸齒緣，杜英科）。

油橄欖（葉細長，木犀科）。

橄欖屬	*Canarium commune*	產期　12～3月 花期　6～10月	嘉義農試所

爪哇橄欖

　　原產於印尼新幾內亞、摩鹿加群島，18世紀由英國傳教士引進各熱帶領地，東南亞、印度、斯里蘭卡、中美洲也有栽培。常當作觀賞樹或行道樹。日治時代引進台灣，中南部零星種植。

　　在印尼，爪哇以東地區可終年開花結果；位置稍北的馬來半島產量已不如原產地，在台灣則以冬天為主產期。植株與「橄欖」相似，但有一些不同：爪哇橄欖可從初夏開花至秋天，果熟時為黑色，果核短胖，一端較圓。果肉無味且吃多了會下痢，多半棄之不用。種仁風味優美且營養豐富，可生食或當作糖果、巧克力、冰淇淋的配料；脂肪含量 72%為堅果中最高，可榨製高級食用油，可惜核殼堅硬種仁偏小，經濟產量不高。在原產地，人們會收集種仁點燈、烹調，或製作肥皂，樹皮、樹葉可入藥。

　　爪哇橄欖的樹幹會分泌一種樹脂，類似檸檬的香氣，可當作線香的原料，蒸餾後可加入化妝品、香皂中。

種仁可食用。

果殼堅硬。

黑色果實。

果核兩端圓鈍。

結實纍纍的爪哇橄欖。

小葉5至11片，果端較圓鈍。

˙識別特徵　常綠喬木，高6至25公尺。一回奇數羽狀複葉，互生，小葉5至11片，對生。圓錐花序，開於枝梢。花3瓣，乳白色，雄蕊3枚。核果，長3至4公分，成熟時黑色。果核3稜，長2.6至3公分，種仁有3，但通常僅1個發育。

˙別名　爪哇巴旦杏

˙英文名　Java Almond

爪哇橄欖，國內少見。

橄欖，最常見。

菲島橄欖，型體最大。

▲台灣三種橄欖科水果之果核。

各種以「橄欖」為名的水果，由左至右：菲島橄欖、橄欖、爪哇橄欖、錫蘭橄欖、油橄欖。

爪哇橄欖可邊開花邊結果，與橄欖（春末開花，秋季果熟）不同。

圓錐花序開於枝梢，花黃白色，小型。

橄欖屬	*Canarium ovatum*	產期 5～10月為主 花期 1～4月為主	高屏地區零星種植

菲島橄欖

　　原產於馬來西亞或菲律賓，東南亞、新幾內亞、澳洲北部、夏威夷也有引進，但大多僅供觀賞。果樹栽培以菲律賓為主，盛產於呂宋島南部，為菲國最主要外銷堅果，年產量六千多公噸，大多銷往香港和台灣，奇怪的是我國海關並無進口資料，市面上也很少看到相關產品。

　　日治時代引進，試種於高雄美濃的雙溪熱帶樹木園，據說目前只剩一棵。除了播種，其他方法的發根率都不高。果長6至8公分約為橄欖的2倍大，果肉厚實，略酸。整棵樹木的精華在於種仁，大型且口感香甜，可作糖果、糕餅、麵包、巧克力、冰淇淋的配料，乾烤或加糖漿的風味也很好，不少到訪菲律賓的遊客都會買回來當作伴手禮，稱為「Pili Nut」。種仁富含脂肪，油質優於橄欖油，適於烹調、製作肥皂。

　　為極具潛力的堅果，未來發展性可能類似澳洲胡桃，但菲律賓因為計畫廣植椰子與其他作物，可能會砍除一些菲島橄欖而縮減栽培面積。

黑色的成熟果。

成熟開裂。

果核兩端尖銳。

硬核有三個稜。

乳黃色果肉，平淡無味。

種仁大而味美。

圓錐花序，不醒目。

花特寫，乳白色。

‧**識別重點**　常綠喬木，高5至20公尺。羽狀複葉，互生，長約50公分；小葉5至9片，對生，小葉長10至17公分。花開於枝梢或葉腋，3瓣。核果，橄欖形，成熟時黑色，果核3稜，長5.6至6.5公分，兩端銳尖，種仁有3，通常僅1個發育。

‧**別名**　菲律賓橄欖、霹靂豆、大力果、菲欖、比力堅果、必栗。

‧**英文名**　Philippine Almond、Pili Nut、Philippine Nut。

樹勢挺拔，可供觀賞。

一回羽狀複葉，小葉5至9片，葉形大且寬，先端突尖。

葉柄具關節。

果實單生於枝梢葉腋，未熟為綠色。

成熟變黑即可採收。

番木瓜屬	*Canarium papaya*	產期 全年，10～11月盛產 花期 全年	台南市、屏東縣（以上為超過600公頃）。

木瓜

　　原產於墨西哥、中美洲的常綠果樹，各熱帶、亞熱帶地區普遍栽培，以印度栽培最多，產量占全球45%，墨西哥是最大的出口國。溫帶國家栽培不易，日本僅沖繩少量栽培，大多數從夏威夷進口，台灣木瓜雖然好吃，但在日本的市占率仍不高。

　　植株可分為雄株、雌株和兩性株。雄株不會結果，並無經濟價值。雌株的花朵單生，果實圓球形或短橢圓形，果肉較薄，經濟價值不高。兩性株的花朵含有雌蕊與雄蕊，露天栽培可自然授粉，網室栽培可放養蜜蜂或人工授粉，果實長橢圓形，果肉厚產量高，品種以鳳山園藝所育成之「台農2號」品種最受歡迎，為外銷日本、香港、加拿大、中國的主力品種。

　　除鮮食，尚可糖漬、製罐，或製成果汁、果醬、蜜餞。未熟果可醃漬入菜，木瓜酵素可用於食品、皮革加工、化妝品或製藥。種子可磨製香辛調味料，並可榨油，性質近似橄欖油，並富含抗癌活性BITC成分，具有開發為健康食用油的潛力。

全年皆有生產，秋季最多。

台農2號木瓜兩性果。

- **識別重點** 喬木狀多年生草本。全株多乳汁，通常不分枝。葉片掌狀裂，互生，葉柄細長。花5瓣，具香氣。漿果，花開後3至4個月成熟。種子外圍有一層透明的假種皮。
- **別名** 番木瓜、番瓜樹、乳瓜、萬壽果。
- **英文名** Papaya、Papaw、Pawpaw。

黃金木瓜，可食用兼觀賞（新加坡）。

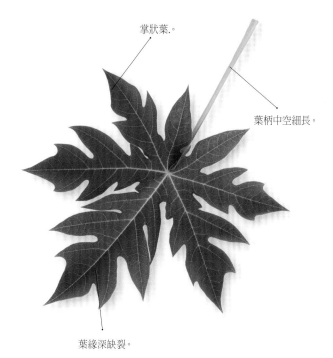

掌狀葉.

葉柄中空細長。

葉緣深缺裂。

結實纍纍的木瓜。

網室栽培，可防止蚜蟲傳染病毒病，倒株栽培，抗風且便採果。　雌花（左），兩性花（右）。

| 四照花屬 | *Benthamidia japonica* var. *chinensis* | 產期　8～9月
花期　4～5月 | 零星栽培供觀賞 |

四照花

　　原產於中國長江流域及華北、韓國、日本，春天開花，秋天葉子變色，為日本、歐美、紐西蘭等溫帶國家優美的庭園樹。

　　四照花在台灣也有野生，但族群稀少，是大屯山、烏來、太平山、桃園縣復興鄉、花蓮清水山等中海拔山區稀有植物，應該好好保護。福山植物園大水池出入口解說站旁有復育幾株，已能正常開花，宜蘭縣頭城鄉更有一株珍貴的百年四照花老樹。目前園藝界已少量栽培供觀賞。種子需經低溫處理才發芽，平地栽培不易開花。

　　開花時有4片白色的苞片（bract），故名四照花，日本稱之為「山法師」（包著頭巾的和尚）。果梗將近5至10公分，成熟的果實外形似荔枝或草莓，直徑約1至2公分，風味有點像釋迦或牛奶糖，但果肉少，自古多當成野果，可鮮食、浸酒、製醋。苞片、葉子可入藥，木材堅硬可製農具。

部份植株的葉脈帶有紅暈。

種子大小不一。

果肉風味似牛奶糖。

苞片白色，4片。

真正的花由眾多的小花組成。

四照花果實不大，果肉不多。

- **識別重點** 落葉性小喬木，高5至10公尺。單葉，對生，卵形或闊卵形，波狀全緣，側脈4至5對，葉柄長約1公分。頭狀花序，由40至50朵黃色小花組成，基部有4片白色苞片，真正的花反而不明顯。多花果，由數十個小核果聚集而成。種子1至4粒，部分果實無種子。
- **別名** 野荔枝、山荔枝、青皮樹、雞素果。
- **英文名** Flowering Dogwood、Kousa Dogwood。

葉片對生，卵形或闊卵形。

香港四照花（*Benthamidia hongkongensis*），果實可鮮食或釀酒（日本大阪）。

四照花的果實，乍看之下像草莓或荔枝，紅色或紫紅色，可食用或觀賞（日本東京）。

花序基部有4片大苞片（假花），類似聖誕紅的苞葉。

1.仙人柱屬 2.仙人掌屬	1.六角柱：*Cereus peruvianus* 2.仙人掌：*Opuntia dillenii*	產期　9～12月 花期　7～9月	澎湖

六角柱與仙人掌果

　　仙人掌科植物大約有122屬1,600種，台灣最常見的是量天尺屬的火龍果。其他可供食用的以仙人掌屬（*Opuntia*屬，俗稱刺梨）、仙人柱屬（*Cereus*屬、天輪柱屬）和*Stenocereus*屬（新綠柱屬，果面的刺在成熟時會脫落，可徒手摘果）最重要，均原產於美洲。

　　仙人掌屬的肉質莖呈扁平扇狀，可當作蔬菜。花朵黃色，白天綻放。漿果有小刺，取食須戴手套，推廣不易。種子雖多但可一起吞食，常藉由鳥類取食傳播種子，法國東南沿海、地中海岸、澳大利亞、南非等地已歸化，成為不易砍除之雜草。台灣澎湖海邊也有野生的仙人掌（*Opuntia dillenii*），俗稱為澎湖蘋果，果肉暗紅，常製成冰淇淋、果醬、果汁，為當地特產。

　　仙人柱屬的肉質莖呈柱狀，具6至9稜，花朵白色，大型，夜間綻放清晨即謝。漿果無刺，果肉白色，酸中帶甜，果實小肉不多，成熟後易裂果。有待提高甜度並增大果型以提高經濟價值。

　　本科植物耐旱、病蟲害不多，為舉世公認極具發展潛力之新興果樹，美國夏威夷、加州南部、墨西哥、中美洲、以色列、南非、澳洲已有少量經濟栽培。

果實圓形的六角柱（六角石），葉針4至9枚一組，柱狀肉質莖較平直。

美國加州的pears cactus（梨仙人掌）（*Opunia*屬）

種子黑色。

漿果表面無刺（*Cereus*屬）。

白肉，可惜甜度不高。

·**辨識重點** 肉質草本，莖扇形或圓柱形，高1至6公尺。葉針
狀。花單生，白或黃色，深夜或白天開花。漿果，有或無刺，
白或紅肉，種子多數。

·**別名** 1.六角柱：六角柱仙人掌、蘋果仙人掌、六角仙人鞭、
祕魯蘋果、祕魯天輪柱；2.仙人掌：澎湖蘋果、刺梨仙人掌

·**英文名** Apple Cactus、Peruvian Apple。

*Cereus*屬仙人柱深夜開花，可
藉由夜行性昆蟲授粉。

*Opuntia*屬的仙人掌果（美國加州）。

*Opuntia*屬仙人
掌果有刺，推廣
不易。

種子扁平。

*Cereus*屬仙人柱，肉質莖有5至9個稜，葉針
10至17枚一組，長1至3公分。

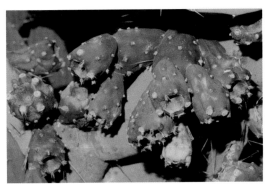

結實纍纍的*Opuntia*屬仙人掌果（新加坡）。

漿果尚未轉紅的*Opuntia*屬仙人掌，果面有刺。

量天尺屬	1.白肉種：*Hylocereus undatus* 2.紅肉種：*Hylocereus polyrbizus*	產期 1. 白肉種：6～10 月 　　2. 紅肉種：5～12 月 花期 5～9 月	彰化縣、南投縣、屏東縣 （以上為超過 400 公頃）

火龍果

　　量天尺屬的仙人掌，原產於墨西哥、中南美洲，引進越南後成為當地特產，尼加拉瓜、多明尼加、哥倫比亞、印度、中國海南、廣東也有生產，以色列、澳洲、美國加州、佛州、夏威夷、波多黎各亦已引進。鮮紅色的果實和傳說中的龍珠相似，早年是越南進貢清廷的果品。

　　荷治時期引進台灣，但當時的品種開花後很少結果。後來從越南引進自交親和性的白肉品種，結果率大為提高。農民、種苗業者常自行雜交育種，大致分為紅皮白肉、紅皮紅肉兩類，另有黃皮白肉的黃龍果口感甚佳，但較少見。

　　扦插繁殖為主，花朵開放主要受光強度之影響，夜間燈照有助於全年開花結果、增加果重與產量。可鮮食、入菜、做沙拉，或製果醬、果汁、冰淇淋或果凍，紅色素可作為食品染劑。台灣的鮮果少量外銷中國、日本、香港與韓國，冬季也有部分鮮果是由馬來西亞進口。

　　西施仙人柱屬的「黃刺龍果」（*Selenicerus megalanthus*）又稱為麒麟果，果形小甜度高，黃皮白肉但果皮有刺，食用前須刷去果刺，台灣栽培不普遍。

種子如芝麻。

白肉火龍果，鱗片較長，果型較長橢圓。

紅肉火龍果，鱗片較短。

葉針3至5枚一束。

氣根。

莖有三個稜邊。

花苞可煮湯，口感滑順。

花絲眾多。

花柱彎曲。

・**辨識重點** 多年生肉質草本，莖三角柱狀，藉氣根攀附生長。葉針3至5一束，著生在三角莖的稜邊。花單生，花徑可達20公分，白色。雄蕊數百枚，淡綠色雌蕊1枚。漿果，果皮紅、橙紅、淡紅、黃或綠色，具大型肉質鱗片。果肉白、粉紅、紅色。種子如芝麻。

・**別名** 紅龍果、龍果、三角柱、芝麻果、仙密果。

・**英文名** Pitaya、Dragon Fruit、Night-blooming Cereus、Moon Cactus、Nightblooming Cactus。

火龍果田間栽培。

紅肉火龍果，果形較扁圓。

夜間開花，具芳香，會吸引夜行性昆蟲授粉。

黃刺龍果，台灣市場不常見（加拿大多倫多）。

黃刺龍果，果面有細刺，酸甜多汁（日本東京）。

| 西瓜屬 | *Citrullus lanatus* | 產期 | 全年，4～7月盛產 | 花蓮縣、雲林縣、台南市 |
| | | 花期 | 全年，2～6月為主 | （以上為超過1,400公頃）。 |

西瓜

　　原產於非洲喀拉哈里沙漠，果實富含水份、維生素與礦物質，是當地居民與野生動物重要的飲水來源。各大洲溫帶至熱帶地區都有栽培，年產量約一億多公噸，中國的產量位居第一。

　　喜高溫少雨，12至3月播種最適宜，4至7月盛產，土壤忌積水，河川沙地常見栽培。充足的陽光有助於茄紅素和果糖形成並使果肉砂爽。西瓜為台灣人最喜愛的水果，年產值約24億元，並能外銷日本、香港、新加坡、中國。

西瓜開花──雌花。

　　普通西瓜（二倍體）幼苗以秋水仙素處理，成為四倍體，再與二倍體西瓜雜交，可得三倍體西瓜，播種後開出的西瓜花再與二倍體西瓜花雜交，其果實之種子發育不全，俗稱無籽西瓜。無籽技術雖由日本創造，但率先由鳳山園藝所（成員之一為陳文郁先生，1968年創辦農友種苗公司）育成商業品種供農民量產，以雲嘉南及花蓮縣栽培較多，但栽培費工，國內已少見，但日本、美國等仍有栽培。全球約有1/4的西瓜品種來自台灣，為台灣最重要的出口種子，且幾乎都出自農友種苗公司。

北海道札幌的黑皮西瓜「でんすけすいか」。

　　瓜子西瓜的種子於瓜果成熟後取出，俗稱為黑瓜子，可生食、炒食、入藥，為著名零嘴，中國為最大產地，並外銷各地。

黃皮紅肉的「黛安娜」西瓜，為農友種苗公司為紀念戴安娜王妃而命名的品種。

黑瓜子為國人喜愛之零嘴。

· **識別重點** 一年生草質藤本，全株有細
毛。莖蔓長2至9公尺，卷鬚2至4岔。單
葉，互生，掌狀深缺刻。雌雄同株，花開
於葉腋，5瓣、黃色。瓜果，成熟時果肉因
色素不同，呈白、黃、橙、紅等色。

· **別名** 夏瓜、寒瓜、水瓜。

· **英文名** Watermelon。

澳洲墨爾本維多利亞女王市場的無籽西瓜。

小型圓西瓜，俗稱小玉，品種很多。

大型西瓜，在日本又叫「大玉西瓜」，喜生長於河川沙地（華寶）。

在大陸熱賣的黛安娜西瓜，為農友種苗公司的代表性商品之一。

甜瓜屬	*Cucumis meio*	產期	1. 東方甜瓜：4～12 月 2. 洋香瓜：11～5 月	洋香瓜：台南市（超過 1,400 公頃。） 香瓜：高雄市、屏東縣、雲林縣、 嘉義縣（以上為超過 200 公頃）。
		花期	1. 東方甜瓜：3～11 月 2. 洋香瓜：2～4 月、8～10 月	

甜瓜

　　原產中東和非洲乾燥地區，中國自古即引進栽培，現為最大生產國，年產量1,600多萬公噸，占全球之半。西亞、中東栽培亦多，根據《馬可波羅遊記》記載：當年土耳其、阿富汗一帶盛產甜瓜，剖半晒乾後糖份濃縮，比蜂蜜還甜，可外銷各國。

　　品種極多，可分為東方甜瓜（香瓜、脆瓜）及洋香瓜（西方甜瓜）二大類。東方甜瓜的果肉較薄，風土適應性較廣，台灣常見品種為梨甜瓜（美濃瓜）、黃香瓜。洋香瓜的果實較大果肉較厚，風土適應性較狹，可分為網紋甜瓜（又分為紅肉、綠肉兩種）、光皮洋香瓜、哈密瓜等。

　　栽培環境宜日照足、日夜溫差大、灌溉方便。洋香瓜以9月至翌年1月播種最佳，育苗後定植於PE布隧道內。日本並於溫室中周年生產高品質網紋甜瓜，拍賣單價曾高達50萬日幣，為送禮用高級水果。東方甜瓜春至秋季均可播種，常露地栽培。

　　甜瓜除供鮮食，亦可打果汁，製果醬、冰淇淋。台灣的甜瓜育種成果以農友種苗公司最豐碩，新品種不斷推出，種子行銷海內外。

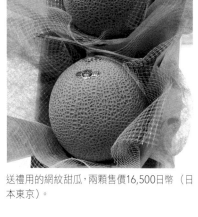
送禮用的網紋甜瓜，兩顆售價16,500日幣（日本東京）。

日本函館朝市的網紋甜瓜。

梨甜瓜，通常聞起來愈香吃起來也愈甜。

黃香瓜，通常聞起來愈香吃起來也愈甜。

· **識別重點**　一年生草質藤本，蔓長2至3公尺，卷鬚不分岔。單葉，互生，略呈掌狀淺裂。花雌雄同株，單性花，黃色，單生於葉腋。瓜果，圓球形或橢圓形，果皮有網紋或平滑，果肉白、橙黃或淡綠色。種子多數。

· **別名**　香瓜、美濃瓜、洋香瓜、哈密瓜

· **英文名**　1.東方甜瓜（香瓜、脆瓜）：Muskmelon、Melon；2.洋香瓜（網紋甜瓜、光皮甜瓜、哈密瓜）：Cantaloupe、Western Melon。

網紋甜瓜，肉質綿密。

Charentais jaune甜瓜（黃色夏朗德），橙色的果肉甜美多汁（法國巴黎）。

三月天，農友採收光皮洋香瓜。

光皮洋香瓜（狀元）具後熟作用，香氣變濃肉質變軟風味更佳。

雌花生長於子蔓及孫蔓，摘心可促進分支、增加雌花。

PE布隧道內具有保溫、防寒等優點，是最常見的栽培方式。

柿樹屬	*Diospyros kaki*	產期　1.牛心柿：10〜11月 2.石柿：9〜11月 　　　3.四周柿：9〜10月 4.甜柿：10〜12月 花期　4〜5月	台中市 （超過3,400公頃）。

柿子

　　原產於中國，以黃河流域栽培最多。唐朝時傳入日本，衍生出許多新品種，尤其是甜柿，為日本的代表性果樹之一。南韓、印度、西亞、南歐、南非、紐西蘭、澳洲、美洲也都有引進，以中國的產量佔全球72％為最多，論出口則以西班牙最多。

　　有1,000多個品種，可概分為澀柿（成熟時有澀味）、甜柿（可自然脫澀）兩大類。其澀味來自柿子素（一種水溶性單寧），因與口腔黏膜蛋白質結合而顯現澀味。浸漬石灰水、酒精或電土處理可促使單寧凝固呈不溶性，稱為「脫澀」。台灣常見的澀柿品種如牛心柿、四周柿、石柿，均為早期自華南引進的品種。

　　甜柿成熟時可現採現吃，國人熟悉的富有、次郎品種均來自於日本，屬於六倍體品種，口感甜脆，國內栽培面積以台中市和平區最多，並可外銷中國、香港、新加坡。日本雖然盛產甜柿，但春夏之際無鮮果，主要由紐西蘭進口。

　　澀柿可加工成柿餅（以石柿、牛心柿為主）、柿乾、柿汁、釀酒或製醋，柿霜與果蒂可入藥。新竹縣新埔鎮附近因為秋天季風強勁而乾燥，是台灣最大的柿餅產地。

牛心柿為台灣栽培面積最廣的澀柿，最大產地是嘉義番路、竹崎。

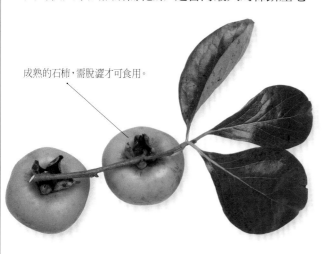

成熟的石柿，需脫澀才可食用。

經過後熟的紅柿。

成熟的甜柿，不須再脫澀即可食用。

・辨識重點 落葉喬木，高3至10公尺。單葉，互生，全緣。雌雄同株或異株，花壺形，黃白色，通常為雌花，部分品種不必受粉也能結果。漿果，成熟時富含胡蘿蔔素所以呈橘色，有4片萼片（俗稱的蒂頭）。種子扁平或無籽。

・英名 Persimmon、Kaki、Japanese Persimmon。

日本原產的「筆柿」，屬於不完全甜柿，常加工成柿餅。

待售的柿餅（日本京都）。

栽培的柿子大多只開雌花。

風乾製作柿餅中（石柿）。

日本產的富士柿，又稱甲州百目，屬於不完全澀柿，單價比富有甜柿還高（日本山梨縣）。

浸漬石灰水脫澀的牛心柿，又稱水柿或脆柿。

柿樹屬	*Diospyros philippensis*	產期　6～9月 花期　3～6月	東部、南部有野生，各地零星栽培供觀賞。

毛柿

　　原產於菲律賓、爪哇、泰國，台灣東部屏東、蘭嶼、綠島、龜山島等海岸林中也有野生，為阿美族、排灣族、達悟族朋友的傳統果樹之一。除了葉片表面之外，全株密布絨毛，故名。果面有毛，果肉不多且口感不如柿子甜美多汁，市面上尚無販售。特殊之處是成熟的果實具有香氣，植株耐熱，且成熟期較早，可應用於一般柿子的雜交改良。

　　毛柿為台灣原生樹種，近年來已應用於綠美化、防風、造林，例如教育部體育署右側（台北市龍江路55巷）即列植為行道樹。材質堅重，心材黝黑，為黑檀木之一，屬於闊葉一級木，可加工為藝品、筷子、飯匙、手杖、小家具等。

　　台灣另有引進呂宋毛柿（*D.malabarica*，英文名Gaub），外形似毛柿，但葉片光滑無毛，嫩葉紅色，果面無毛，鮮紅色，觀賞為主。

體育署右側的毛柿行道樹。

果肉有香氣，但口感欠佳。

萼片4片。

種子較厚。

果扁球形，直徑約8公分，密布軟毛。

- **辨識重點**　常綠喬木，樹形挺直，高可達14公尺，樹皮黝黑，縱向縫裂，分枝開展略下垂。單葉，互生，革質，嫩葉黃綠色。雌雄異株，雌花單生於葉腋，雄花簇生。花萼、花瓣各4片。漿果，球形。種子數粒。
- **別名**　台灣黑檀、台灣烏木、菲律賓柿。
- **英文名**　Velvet Apple、Taiwan Ebony、Taiwan Persimmon。

毛柿結果枝，葉片互生。

葉背有毛。

果梗短，不明顯。

雌花單生於葉腋，壺形，乳白色。

成熟的毛柿為橘紅色或紅褐色。

杜英屬	*Elaeocarpus serratus*	產期　12～2月 花期　　6～9月	南投國姓、台南新化、彰化二水。

錫蘭橄欖

　　原產於印度、斯里蘭卡（早年稱為錫蘭），果實酷似橄欖而得名。孟加拉、東南亞、中國華南、海南多有栽培，日治時期引進台灣，當初許多政府機關都有試種，茶葉改良場魚池分場、嘉義農試所至今仍保留幾十株列植的老樹，十分壯觀。

　　果實大，纖維少，果肉淡綠色，成熟變軟並散發特殊香氣，令人望「欖」止渴。生食味道酸澀，可切開鹽漬、糖煮成蜜餞，肉質柔軟，口感不如橄欖，但營養價值則高於橄欖，國內食用仍不多，冬天市場上偶有零售。能製成果脯、果粉與飲料。種仁含油分，可製潤滑油。臺南新化礁硫社區透過產官學界的輔導，成功推出橄心醋、橄心茶、橄情露、手工皂、磨砂膏等系列產品，可望成為地方特產，增加其經濟效益。

　　錫蘭橄欖常栽培成行道樹及庭園樹，生長環境宜寬敞，樹形才會壯觀。一年四季都有紅色的老葉，行經鋪滿落葉的地面發出沙沙聲，有一股蕭瑟的感覺。

　　一般人常把橄欖、錫蘭橄欖、油橄欖混淆，有時連廠商進口的「橄欖油」包裝瓶也誤貼成錫蘭橄欖的圖片。錫蘭橄欖為鋸齒緣大型單葉，果實大而圓胖，讀者宜加以分辨。

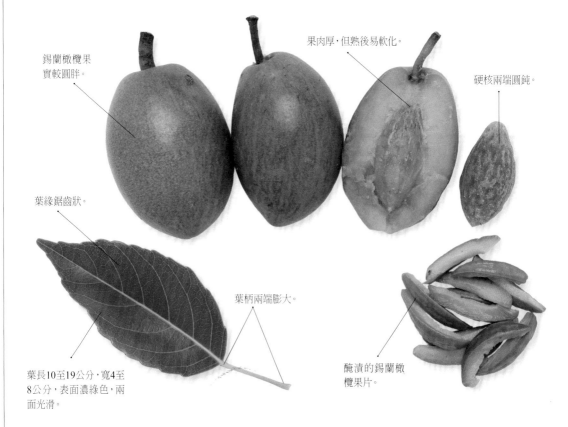

錫蘭橄欖果實較圓胖。

果肉厚，但熟後易軟化。

硬核兩端圓鈍。

葉緣鋸齒狀。

葉柄兩端膨大。

葉長10至19公分，寬4至8公分，表面濃綠色，兩面光滑。

醃漬的錫蘭橄欖果片。

- **辨識重點** 常綠喬木，樹徑可達1公尺。單葉，互生，葉緣鋸齒狀，嫩葉淡赤色，老葉脫落前為橙紅色或鮮紅色。總狀花序，下垂性，花5瓣，邊緣鬚狀。核果暗綠色，硬核兩端較圓鈍，內藏種子2至3粒。
- **別名** 鋸葉杜英。
- **英文名** Ceylon Olive。

糖漬脫水的
錫蘭橄欖。

台北市和平東路2段（大安森林公園以東）安全島大約種植90
株錫蘭橄欖。

冬天成熟的錫蘭橄欖。

糖漬的錫蘭橄欖（半成品）。

花白色，5瓣，邊緣鬚狀。花期為6至9月為主。

錫蘭橄欖結果。

越橘屬	*Vaccinium macrocarpon*	產期　9 ～ 11 月 花期　5 ～ 6 月	台灣無經濟栽培

蔓越莓

　　結紅色果實的越橘屬植物，以北美洲冷涼地區分布最多，栽培品種主要源自大果越橘（*V. macrocarpon*），很早就被當成治療感染性疾病的藥物，為最早出口到英國的農產品之一。全球年產量近62萬公噸，美國約占60％，產地集中在東北部與西北部幾個州的酸性沼地，加拿大、東歐、北歐、智利也有栽培。

　　植株低矮，無法人工一一採果，大面積栽培常採「水收」法：果熟期間，先將園子灌滿水，再以機械打水促使果實脫落浮出水面，即可圈圍撈取。小型果園或無法淹水的地區則以梳狀工具「乾收」，比較費工，但果實較耐久藏。果肉酸味強，較少直接鮮食，可製果乾、果汁、果醬、釀酒。蔓越莓醬（cranberry sauce）是美國感恩節火雞大餐的傳統配料。

　　富含酚類化合物、維生素、果膠，初花青素能使尿路管壁光滑，細菌不易附著，進而預防尿路感染。純果汁酸澀而且成本高，業者常混合葡萄、安石榴、藍莓或蘋果製成綜合果汁，但若添加過多的糖則應酌量飲用。

- **辨識重點**　多年生常綠灌木，分枝纖細伏地而生。單葉，互生，橢圓形，葉柄短，葉長約1公分，兩面無毛，全緣。兩性花，單生於葉腋，花梗細長，花粉紅色，4瓣。漿果，內有4個果室，種子10至20餘粒。
- **別名**　小紅莓、蔓越橘、大果蔓越橘。
- **英文名**　Cranberry。

冷凍進口的鮮果。

果心中空，利於水收。

進口的蔓越莓果乾，常添加糖，使口感變甜。

英國愛丁堡植物園的大果越橘（美洲蔓越橘）。

蔓越莓結果，果梗極長（日本東京）。

越橘屬	*Vaccinium* spp.	產期　6～9月為主 花期　2～11月	新竹縣雪霸休閒農場

藍莓

　　結藍色漿果的越橘屬灌木，原產於美國東北部至加拿大東南部，種類很多，自古即為印地安人喜食的野果，並晒成果乾保存。1906年美國率先進行野生越橘的選拔育種，成果豐碩，目前有三十餘州栽培，產量近全球四成，主要產自東北部的緬因州。加拿大、智利、日本、中國、紐西蘭、澳大利亞、摩洛哥、歐洲也有栽培。

　　有二百多個品種，可分為矮叢藍莓（加工為主）、高叢藍莓（果實大，較普遍）、兔眼藍莓（果頂會轉紅）等。春季開花，夏秋採果，富含維生素、微量元素及花青素，具抗氧化能力並能保健視力，為聯合國糧農組織推薦的健康果品之一。可鮮食、製果醬、冰淇淋、濃縮果汁、釀酒。在美國，藍莓常與其他水果製成複合飲料，例如藍莓蘋果汁、藍莓橘子汁、藍莓葡萄汁。

每顆果實成熟期不同，可分次採收。

　　新竹縣雪霸休閒農場是國內最大的藍莓產地，除了製冰棒、果汁、慕絲、釀醋，並開放住宿遊客體驗採果。近年來花市也販售低溫需求性較少的品種，平地栽培開花結果不成問題，只是風味較淡。

- **識別重點**　多年生灌木，常綠或落葉性，高1至3公尺或更高，因品種而異。單葉，互生，鋸齒緣或全緣。總狀花序，花白色，壺形。漿果，成熟時淡藍、淡紫或藍黑色。

- **別名**　小藍莓、藍漿果。

- **英文名**　Blueberry。

花朵為可愛的壺形，似鈴蘭，大多靠蜜蜂授粉。

葉片互生。

果皮富含花青素，果肉細緻，甜酸適口。

種子細小。

石栗屬	*Aleurites moluccana*	產期　11 ～ 12 月 花期　北部 2 ～ 9 月，南部全年開花	各地零星栽培觀賞

石栗

　　原產於東南亞、南太平洋諸島及夏威夷群島，熱帶地區多有栽培，日治時期引進台灣，各地零星種植。

　　石栗的花朵較小也較密集，開於枝梢，通常讓人忽略；果實球狀，數顆簇生。種殼堅硬似核桃，去殼後為白色種仁，不可生食，否則，會引起腹瀉，但可細磨勾芡，或燒烤後食用，味道似花生，稱為「Indian Walnut」。種仁亦可榨油（candle nut oil），品質較蓖麻油佳，在印尼，石栗油可用來煮咖哩，也具有藥用價值，是治療便秘之緩瀉劑。石栗油亦可製成油漆、肥皂、蠟染或繪畫顏料，並當作汽車生質柴油之原料。在原產地，人們將其打洞串起來點成燭火，故名「candle-nut tree」。

　　木材淡紅褐色，有光澤，可作箱板、火材棒。樹形優美，可栽培當成觀賞樹、行道樹或遮蔭樹。

種子外型似核桃，堅硬如石。

葉片大多3至5淺裂，葉基有2枚紅褐色腺體，葉柄約與葉身等長。

老葉變黃。

· **識別重點**　常綠性喬木，嫩葉及花序具褐色短毛，遠遠望去宛如灑了一層金粉。單葉，互生，具長柄，卵形至心形，全緣或具3至7淺裂，葉基有2枚紅褐色腺體。雌雄同株，圓錐花序，頂生，花5瓣，乳白色。核果，球狀或略扁。種子1至2粒，堅硬。

· **別名**　油桃、燭果樹、燭栗。

· **英文名**　Candle-nut Tree、Indian Walnut。

圓錐花序，頂生。

核果，果面平滑球，直徑約6公分。

嫩葉有褐色短毛，宛如灑了一層金粉。

種子堅硬，可當裝飾品收藏。

葉下珠屬	*Phyllanthus acidus*	產期　6月 花期　3～5月、8～9月	南部零星栽培

西印度醋栗

　　原產地可能是非洲馬達加斯加與印度洋聖誕島（印尼雅加達南方外海），印度、斯里蘭卡、東南亞、關島、夏威夷、中南美洲亦有栽培，為花園、村莊、農場常見的熱帶植物。雖曾引進台灣，至今零星栽培。

　　它可說是國外版的油柑，味道像醋一樣，未熟果酸味最強，可當調味料；成熟果酸味轉淡，先食用神祕果再品嘗此果，則能改變味蕾而感覺甘甜。甚少鮮食，可製造果醬、果汁、蜜餞，或糖浸、鹽漬後食用。果實萃取物具有抗氧化及清除自由基的功能，常被作為保肝藥，嫩葉可當蔬菜煮食。果實外形似小小的南瓜，一串串垂掛於樹幹或樹枝，南部地區可當作觀賞樹。

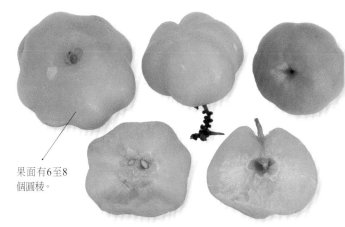

果面有6至8個圓稜。

果實外形似小南瓜，常著生於小枝上。

- **識別重點** 常綠小喬木，高5至10公尺。羽狀複葉，簇生於枝端，小葉互生，全緣，卵形，先端尖，光滑無毛。穗狀花序，花被4片，雌花綠色，雄花紅或粉紅色。漿果，扁圓形，淡黃色。種子2至6粒。
- **別名** 南洋油柑、印度油柑、鵝莓樹、假醋栗。
- **英文名** Otaheite Gooseberry、Star Gooseberry、West Indian Gooseberry、Gooseberry Tree、Malay Gooseberry、Country Gooseberry。

果實一串串垂掛於樹枝。

西印度醋栗的雌花序。

穗狀花序，雌花綠色，雄花紅色。

羽狀複葉，叢生枝梢。

西印度醋栗的羽狀複葉，小葉卵形先端尖。

葉下珠屬	*Phyllanthus emblica*	產期　8～9月 花期　3～5月	各地零星栽培

油柑

　　原產於熱帶亞洲，中國華南、東南亞、斯里蘭卡、印度都有分布，幾乎全株均可入藥，玄奘在《大唐西域記》中稱之為「菴摩勒」，為印度著名的果樹與藥用植物，但多呈半野生狀態。早期由華南引進，至今栽培零星。士林官邸果樹區有一株但很少結果。

　　春天開花，分為雄花與雌花。秋天果熟，可樹上留果2至3個月，半透明狀，大小如彈珠。可生食，入口酸澀之後漸轉甘甜，古名「餘甘子」，令人生津止渴。可加糖、鹽、甘草醃漬，或加工成果醬、果凍、糖水罐頭、釀酒醋。目前已育成甜味型油柑，鮮食口感更佳。

　　果肉維生素C含量高於奇異果數倍，可製成果汁或柑橘、檸檬複方果汁，營養豐富。據研究有清除自由基、抗氧化、保肝、降膽固醇、降血壓血脂等功能，無明顯毒副作用。植株耐旱耐瘠，照顧不難，為聯合國推薦栽培的保健植物之一，中國、南非、古巴、澳洲、美國等均大量推廣或萃取製藥，前途有望。乾燥後的葉片可填充枕頭，透氣散熱。

- **識別重點**　落葉小喬木，高3至7公尺。單葉、互生、全緣，長0.5至2公分。雌雄同株異花，多簇生於基部葉腋，花簇中雌花1朵，雄花先開放。無花瓣，花萼5至6裂。蒴果，球形，直徑約1.5公分，稍呈6稜。內果皮硬化為核，乾後裂開，種子6枚。
- **別名**　餘甘、餘甘子、菴摩勒、摩勒落迦果。
- **英文名**　Phyllanfhus、Myrobalan、Indian Gooseberry、Emblic、Fructus Phyllanthi。

種子。

萼片5至6片。

內果皮堅硬。

油柑（雄花），花萼5至6片，乍看似花瓣。

小葉互生，長橢圓形，先端
圓鈍。

小葉對生，橢圓形。

果實3至5顆著生於小枝基部，果梗極短。

新加坡超市的油柑。

花萼淡黃色，直徑約0.2公分。

油柑的果徑約1至1.5公分。

羅望子屬	*Tamarindus indicus*	產期 2～4月 花期 5～9月	中南部零星栽培

羅望子

　　原產於非洲尼羅河流域至亞洲南部，北非、南歐、阿拉伯、印度、斯里蘭卡、東南亞、中國華南、夏威夷、中南美洲、馬達加斯加等熱帶地區多有栽培，果實為葉猴喜歡的食物。日治時代引進台灣，南部開花結果情形良好，北部冬季溼冷，開花後很少結果。

　　夏天開花，果莢在2月底起陸續成熟，一顆顆高掛枝頭類似花生，外形略彎曲，可任其掉落再撿拾。果殼薄易破裂，撿起完整的豆莢清洗後剝去外殼，黏質的果肉富含鈣質、酒石酸、醋酸和枸櫞酸，風味類似烏梅，怕酸的人一次請勿吃太多。由於國人不喜酸味水果，市場上並無販賣。

　　熱帶亞洲是羅望子的主要產區，美洲則以墨西哥栽培最多。在墨西哥將果肉加入辣椒製成酸角糖，非常有特色。在南亞、中東，酸味型的羅望子常做為酸性調味料、加糖煮成果醬、果汁、蜜餞、果飴外銷，或是去籽後裹上糖砂成為外甜內酸的糖果。泰國另有甜味型的羅望子，果肉甜而不酸，可直接當水果吃。

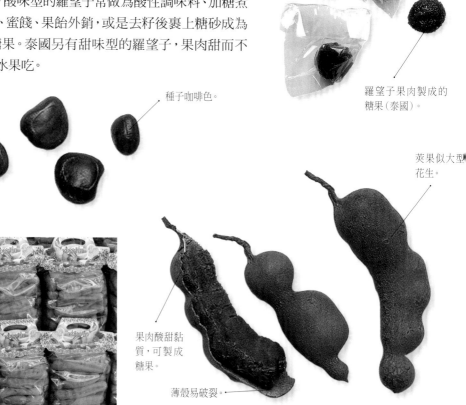

羅望子果肉製成的糖果（泰國）。

種子咖啡色。

莢果似大型花生。

果肉酸甜黏質，可製成糖果。

薄殼易破裂。

泰國曼谷的羅望子。

- **識別重點**　常綠喬木，高10至20公尺，樹皮有不規則龜裂。一回羽狀複葉，互生，小葉12至16片，對生。總狀花序，花5瓣但其中2瓣退化，花瓣黃白色具有紫紅色脈紋。莢果，長10至20公分，成熟時易剝殼。褐色果肉酸甜可食，黏質而帶有纖維。種子2至6粒。
- **別名**　羅晃子、酸豆樹、酸角、酸子。
- **英文名**　Tamarind、Indian Date。

羽狀複葉互生，菲律賓人烤乳豬時常塞進豬肚當成香料。

小葉對生，橢圓形。

結實纍纍的羅望子。

嘉義北回歸線公園的羅望子行道樹。

總狀花序，花瓣具有紫紅色脈紋。

栗屬	1.日本栗：*Castanea crenata* 2.板栗：*Castanea mollissima*	產期　8～10月 花期　2～5月	嘉義縣中埔鄉（超過 20 公頃）。

栗子

　　栗屬果樹依照原產地可分為歐洲栗、美洲栗、中國栗和日本栗。以中國的產量占全球八成為最多，最大產地為河北省，自古即為重要的經濟植物，主要種類是中國栗（板栗），可再分為許多品種。韓國、日本、越南、土耳其、歐洲、非洲、南美洲、美國佛州等州郡也有栽培。

　　冬天落葉，春天發芽開花。雄花序有一股怪味，花粉極多，可藉助風力或蠅類傳粉。雌花外側有殼斗狀針刺，起初針刺軟而淡綠，之後逐漸乾硬轉成咖啡色有如刺蝟，成熟時殼斗裂開，栗子掉落。可用竿子將殼斗打落，晒乾後再用鉗子剝開取出栗子。台灣的栗子成熟期正逢雨季，栗子含水量高極易腐敗，最好立即食用或乾燥後再予冷藏。

　　栗子富含澱粉，轉化為糖後可增加甜味，生食、炒食、包粽、煮粥、製罐、磨粉、糖漬均可。台灣以嘉義縣中埔鄉栽培最多，清炒後不會變色，號稱「黃金板栗」，但產量有限。市售的栗子幾乎都從中國大陸進口，以「天津栗」最為知名，果型小，肉質緊實，適合和加熱過的小石子、麥芽糖一起炒成「糖炒栗子」。

宿存柱頭

嘉義縣中埔鄉出產的黃金板栗

板栗結果，殼斗外層密布針刺。

中埔鄉的農婦以竹竿敲打採果。

・**識別重點** 落葉喬木，樹幹直立多分枝，高可達20公尺，常矮化成2至3公尺便於管理。單葉，互生，葉緣有刺，葉背有白色絨毛。雌雄異花，雄花序葇荑狀，無瓣；雌花2至3朵開於雄花序基部。堅果，熟時褐色，1至3粒包藏於殼斗中。

・**別名** 魁栗、大栗。

・**英文名** Chestnut；日本栗：Japanese Chestnut；板栗：Chinese Chestnut。

葉長7至15公分，葉脈明顯，葉面深綠色。

自中國進口的板栗，加入小石子和麥芽糖炒熱，市場上俗稱為糖炒栗子、天津甘栗。

殼斗成熟裂開，內有堅果1至3粒。

毛蟲狀的雄花序，由300至500朵雄花組成；雌花外側有刺球狀殼斗，位於雄花序基部。

日本山梨縣栽植的日本栗。

羅庚果屬	1.羅比梅：*Flacourtia inermis* 2.羅旦梅：*Flacourtia jangomas* 3.羅庚梅：*Flacourtia rukam*	產期　5～9月為主 花期　3～5月為主	南部零星栽培

羅比梅與同屬水果

　　羅庚果屬（中名音譯自種小名rukam）的植物全世界約有七十餘種，原產於南亞、東南亞、南非或南美洲。印度、東南亞、中南美洲等熱帶國家多有栽培。

　　日治時期自東南亞引進的有羅比梅、羅旦梅、羅庚梅（羅庚果）。以羅比梅較常見，葉表面光滑無毛，花5至8朵開於枝梢或葉腋，果實簇生，直徑1至2公分，成熟時紅或紅紫色，味道酸澀，可鮮食，混合砂糖製成果醬、果汁、果凍、餡料或蜜餞。羅旦梅的食用方式類似前者。

　　羅庚梅在台灣也有野生，僅分布於蘭嶼，因此被列為稀有植物。羅庚果屬在南美洲另有甜味型的種類，生食風味較佳，但台灣似乎未引進。

　　此類果樹喜歡溫暖，容易照顧，成長也快，修剪後長出的嫩紅色新葉具有光澤，中南部零星栽培供觀賞、綠籬或盆景，花市偶有販售，俗稱「紫梅」。木材堅硬可當作搗米的杵、支柱或家具。

成熟轉色中的羅比梅。

羅比梅嫩葉與花朵。

頂端有宿存的柱頭。

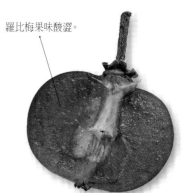

羅比梅果味酸澀。

- **識別重點** 常綠小喬木，高6至15公尺，葉腋、小枝有或無刺。單葉，互生，鋸齒緣，葉端尖。雌雄同株或異株，總狀花序，無花瓣。漿果，直徑1.5至2.5 公分，成熟時紅、紅紫或赤褐色，種子多數。
- **別名** 麗甘李、紫梅。
- **英文名** 1.羅比梅：Lobi Lobi、Lovi-Lovi； 2.羅旦梅：Ratauguressa、Rata-uguressa；3.羅庚梅：Rukam。

尚未轉色的羅庚梅。

羅庚梅的果色鮮麗，可惜生食風味不佳。

羅旦梅的雄花。

羅比梅總狀花序，無花瓣。

羅比梅葉片互生，鋸齒緣，葉端尖，葉腋有或無刺。

羅比梅嫩葉紅色並具有光澤，可栽培供觀賞。

銀杏屬	*Ginkgo biloba*	產期　9～11月為主 花期　4月為主	偏冷山區零星栽培

銀杏

　　銀杏科植物早在二億多年前即生長在地球，比恐龍出現時間還早，但目前僅存一種，為中國所特有。葉似鴨掌，古稱「鴨腳」，宋朝初年入貢，改稱「銀杏」。目前日本、韓國、歐美等溫帶國家都有引進，台灣各地零星種植。

　　當作果樹栽培的以中國為主，江蘇、浙江為最大產地；日本生產於福岡、大分和新潟等縣，品種如「金兵衛」。屬於裸子植物，外觀像果實的其實是種子。最外層的肉質種皮有毒，成熟時橙黃色似小一號的「杏」。內有硬殼（種皮），乾燥後白色又名「白果」。胚乳黃色，有鎮咳清肺之效，亦可炒食、煮甜湯、製蜜餞。在國外，銀杏葉常用於萃取製藥、保健食品或化妝品，經濟價值高於白果，年銷售額達數十億美元，為歐盟產值最大的保健植物。

　　為著名的變色葉植物，為東京、大阪的市樹。成熟的外種皮很臭，每屆落果期都須派人清掃落果以免環境惡臭，因此當作行道樹的最好是雄株。若生產「白果」則應保留雌株，僅配植少數雄株供授粉。可嫁接、分株、扦插繁殖。實生苗幼年性很長，約需20年才會開花結果。

雌花頂端的胚珠成對著生。

通常僅一個種子。

葉扇形似鴨掌，又名鴨掌樹。

雄花序荑黃狀，花粉可飛散到1公里遠之外。

- **識別重點** 落葉性喬木，高10至20公尺。葉片扇形。雌雄異株，雄花淡黃色；雌花綠色，均無花瓣。屬於風媒花，亦可靠昆蟲或人工授粉。種子核果狀，球形。
- **別名** 白果樹、公孫樹、鴨掌樹、鴨腳子。
- **英文名** Ginkgo、Gingko、Ginkgo Nut、Maidenhair Tree。

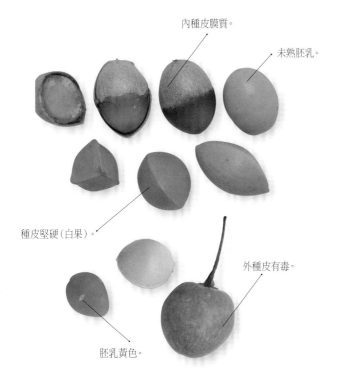

內種皮膜質。

未熟胚乳。

種皮堅硬（白果）。

外種皮有毒。

胚乳黃色。

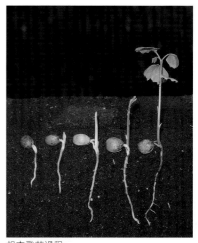

銀杏發芽過程。

結實纍纍的銀杏，尚未成熟轉色。

冷涼的秋風讓銀杏葉變為金黃色（日本山梨縣）。

日本東京皇居前的銀杏行道樹。

甘蔗屬	*Saccharum officinarum*	產期　1.生食用甘蔗：全年均有，10 ～ 12 月盛產 　　　2.製糖用甘蔗：11 ～ 4 月 花期　12 月～ 2 月	嘉義縣、南投縣、台南市 （以上為超過 100 公頃）。

甘蔗

可能原產於新幾內亞，後來傳入東南亞、印度和中國，哥倫布發現新大陸後引進美洲。為最主要的製糖作物，有一百多個國家生產甘蔗，以巴西栽培最多，產量占全球41％，印度、中國分居二、三。台灣原住民很早就種植甘蔗，荷治以後開始有砂糖外銷。

製糖用甘蔗俗稱「白甘蔗」，為雜交品種。日治時代台灣開始雜交培育自有品種，1979年以後台糖公司育成的新品種均以「ROC」命名，成果享譽國際，中國、東南亞爭相引進。白甘蔗皮肉皆硬，水分少糖分高，較不適宜直接啃食，但是常用來搾甘蔗汁。

水果用甘蔗以紅甘蔗為主，品種為Badila，日治時代自澳洲引進。肉質軟脆水分多口感佳，適合啃食或製罐冷凍，以嘉義為最大產地，論人氣則以埔里出產的最有名，瑞里、草嶺一帶也有用來煮糖。另有黃甘蔗但栽培零星。

甘蔗亦可提煉生質酒精作為替代能源，以巴西的研究最為積極，據統計巴西有52％的甘蔗用於生產酒精。

農友採收紅甘蔗。

新加坡小印度傳統市場的甘蔗。

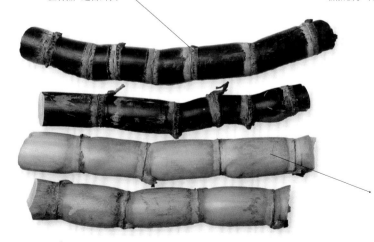

紅甘蔗，適合鮮食。

白甘蔗，適合製糖。

- **識別重點**　多年生草本，莖稈叢生，高3至4公尺，實心，綠、淡黃或紫色，表面有蠟粉，有明顯的節，節間上可發根長芽。葉片互生，葉鞘包稈，葉緣有矽質細齒會割人。圓錐花序，頂生，風媒花。穎果細小。
- **別名**　高貴蔗。生食用甘蔗：果蔗、紅甘蔗；製糖用甘蔗：糖蔗、白甘蔗、原料甘蔗。
- **英文名**　1.生食用甘蔗：Chewing Cane；2.製糖用甘蔗：Sugar Cane。

黃甘蔗，栽培較零星，不常見。

穎果極小，易隨風飛散。

製糖用白甘蔗。

白甘蔗開花（紅甘蔗在台灣不開花）。

福木屬	*Garcinia celebica*	產期　6～8月較多 花期　11～12月	中南部零星種植

爪哇鳳果

　　原產於印尼（爪哇、婆羅洲、西里伯斯）、菲律賓、新幾內亞、澳洲昆士蘭北部，為熱帶雨林第二層的常綠小喬木。泰國、菲律賓、印尼栽培較多。

　　冬季開花，果實夏天成熟，色澤、大小似四季橘，3至6顆一簇相當可愛。果皮薄，剝開來即可食用，果肉（假種皮）黃白色，甜中帶酸而芳香，滋味不錯，可惜果實小、果肉極薄且黏核（與種子不易分離）。可鮮食、製果醬、果汁。樹皮抽出物有抗菌的藥用價值。

　　中南部零星種植，可嫁接或高壓繁殖，新鮮的種子發芽率高，幼苗生長3至4年後即可開花結果，平地至低海拔氣候均能適應。亦能栽於大花盆供觀賞。樹皮受傷時會分泌黃色樹液，可製染料。

　　光復後自波多黎各引進，學名一直誤認為*G.dulcis*，廖日京教授鑑定後已更正為*G.celebica*，但也有專家認為應該是*G.intermedia*（原產於中美洲）。真正的*G.dulcis*果徑可達7公分，食用價值顯然比較高，台灣未引進。

花開於葉腋，4瓣，雌花柱頭白綠色。

種子咖啡色。

假種皮酸甜可食。

果實大小似四季橘。

· **識別重點** 常綠小喬木，葉片對生，全緣。雌雄異株，雄花4至8朵簇生於雄株的枝端葉腋，花徑約1公分，黃白色；雌花數朵簇生於雌株的葉腋。漿果，成熟時橘黃色或黃色，直徑2至3公分，果梗約略等長。種子咖啡色。

· **別名** 西里伯斯鳳果、文都果。

· **英文名** Mundu、Gourka、Claudie Mangosteen。

果實圓形，1至數顆著生於葉腋，成熟過程由綠轉黃。

葉背顏色較淡。

葉長10至22公分，寬5至12公分，革質。

爪哇鳳果。

黃熟的果實易脫落。

福木屬	*Garcinia hombroniana*	產期　7～8月 花期　1～4月	南部零星栽培

山鳳果

　　原產於馬來半島及印度尼科巴島（Nicobar Island，孟加拉灣東部，鄭和下西洋時曾經路過），東南亞栽培較為常見，日治時代由南洋引進台灣。

　　植株外形和山竹相似，但山鳳果的葉片稍窄，葉形略小，葉面也較平坦，折斷枝葉分泌的樹液為白色。春天開花，淡黃白色。果實重30至50公克，比山竹小，成熟時橙紅色，可供觀賞。蒜瓣狀的果肉（假種皮）白色，酸味強而略甜，香氣濃，滋味尚可，供鮮食或製蜜餞。

　　山鳳果對低溫耐受力較山竹強，台灣北部平地、中南部淺山地區亦可栽培。台北士林官邸果樹區有一棵山鳳果，早年名牌一直誤記為鳳果（山竹），後來已更正。雌雄異株，士林官邸的山鳳果為雄株，開花後不曾結果。

葉片對生，全緣，光滑無毛。

種子咖啡色。

中肋明顯而側脈不明顯。

果皮厚。

宿存柱頭。

果肉（假種皮）瓣狀。

·**識別重點** 常綠性喬木，葉片對生，全緣，光滑無毛，嫩葉紅褐色，中肋明顯而側脈不明顯。雄花6至12朵簇生於雄株的枝端葉腋，花徑約2公分，黃白色。雌花1朵單生於雌株的枝端。漿果，成熟時橘紅色，直徑4至5公分，果肉（假種皮）8瓣。

·**英文名** Mangishutan

果實單生於枝梢，夏天成熟。

士林官邸的山鳳果為雄株，不會結果。

環境適應力較強，少有病蟲害，在台灣結果穩定。

雄花簇生，淡黃白色，4瓣。

雌花單生於雌株的枝端。

福木屬	*Garcinia mangostana*	產期　5～9月 花期　不甚固定，11～3月較多	高雄，嘉義以南零星栽培。

山竹

　　原產於馬來西亞，據說當地人吃完榴槤後，常接著吃山竹以消降火氣，甜美多汁，肉質滑嫩，被譽為三大美味水果之一，並可製果汁、果醬、蜜餞、釀酒、罐頭。果皮亦有妙用，可製成果凍，果皮萃取物可製膏藥、殺菌劑、化妝品或營養食品，被認為發展潛力無窮。

　　山竹是果實蠅的寄主植物之一，為避免東南亞的山竹夾帶蟲卵進口，農委會於2003年依檢疫規定公告禁止生鮮山竹進口，冷凍山竹則無此限制，但解凍後口感盡失，並無業者引進。此一禁令已於2019年解除，只要經過46℃高溫蒸熱58分鐘以上，即可進口。中國海南、澳洲昆士蘭、印度、斯里蘭卡、波多黎各、哥倫比亞、巴西、迦納、奈及利亞等亦有栽培。泰國為主要產地，一年可採收二次，產量占世界80%。在印尼亦屬於重要果樹。

　　台灣於日治時代即引進，因繁殖不易、幼苗不耐移植且生長緩慢，至今相當少見。山竹具有單偽結果的特性，果園中不需雄株授粉也能結果，但是南台灣栽培開花結果情形不穩定，有時一年可結200果（以夏天較多），有時全年無花也無果。目前高雄已有農民量產成功。

　　同屬的植物很多都可食用且不乏酸甜可口者，例如澳洲已引進量產、台灣屏東九如也成功栽培的「恰恰山竹」(achacha)，又稱為黃金山竹，滋味鮮美，在農會推廣下，即將大量生產。

泰國曼谷的山竹。

柱頭宿存。

果皮具萃取價值。

萼4片。

假種皮白色。

山竹被稱為果中之后（新加坡）。

- **識別重點** 常綠性喬木，具黃色黏液，葉片對生，全緣，嫩葉偏紅。雌花1朵單生於雌株的枝端，花徑5至6公分，不須雄花授粉亦能結果。漿果，成熟時紫黑色，直徑5至8公分，果肉（假種皮）4至8瓣。
- **別名** 鳳果、山竹子、倒捻子、莽吉柿、都念子、馬來山竹。
- **英文名** Mangosteen。

新加坡植物園果樹區的山竹植株。

葉片長20至30公分，表面濃綠色。

葉背淡綠色。

雌花單生於枝稍，4瓣，紅色。

山竹是東南亞的美味水果。

山竹的未熟果，萼片和柱頭宿存。

山竹的葉片在同屬果樹中較為寬大。

福木屬	*Garcinia xanthochymus*	產期　12～4月 花期　4～6月	中南部零星種植

蛋樹

　　原產於印度北部，喜馬拉雅山南部至泰國、馬來西亞北部、中國華南均有分布，1900年引進夏威夷，但經濟栽培不多。

　　日治時期由夏威夷引進台灣，試種於嘉義，適應良好。幼株生長快速，葉大形而狹長，質感光滑，可當作大型庭園樹。花朵簇生於葉腋，漿果略圓，頂端歪斜具乳狀凸尖，又名「歪脖子果」，直徑約5至7公分，成熟時由綠轉黃，表面光滑，甚為美觀。果肉（假種皮）黃色，酸甜多汁，肉軟芳香，可鮮食、製果汁、果醬、飲料。樹液白色具黏性，可作黃色染料。

　　蛋樹對低溫耐受力頗強，北部平地亦可栽培。桃園農工校園內即有種植，結果量頗為可觀。台中科博館溫室內亦有栽培，但尚未到達結果的年齡。

未熟果。

成熟果，果實味道酸，外觀似蛋黃果。

背面黃綠色。

表面暗綠色。

· **識別重點** 常綠性喬木，高4至10公尺。單葉，對生，全緣，表面暗綠色，背面黃綠色。雌花3至8朵簇生於雌株的葉腋，花徑約1.2公分。雄花亦4至8朵簇生於雄株的葉腋。均為黃白色。漿果，成熟時黃色，直徑6至9公分。

· **別名** 大葉藤黃、假山竹、歪脖子果、雞蛋樹、香港倒捻子。

· **英文名** Egg Tree、Garcinia。

葉片寬6至10公分，革質，兩面光滑。

樹型高大，新枝上揚，成熟後枝條漸下垂。

雌花淡黃白色，5瓣，3至8朵一簇。花梗長2至4公分。

葉巨大，長約24至40公分。

七葉樹屬	*Aesculus* spp.	產期　8～9月 花期　4～5月	高冷地零星栽培

七葉樹

　　原產於東南歐、印度、中國、日本與北美洲等地，花朵紅、粉紅、白、黃等色，因種類而異，大型的掌狀葉在秋天落葉前轉成黃、橙紅色，為溫帶國家常見的觀賞樹木或行道樹。

　　佛經中稱七葉樹為娑羅樹、娑婆樹。咖啡色種子外形似板栗，又名猴板栗、天師栗（相傳是張天師學道所遺留）；又似鹿的眼睛，也叫鹿瞳、馬栗。種子含有會破壞紅血球的皂素，人類生吃會中毒，但鹿、松鼠吃了則無害。此毒素能被高溫所破壞，中國、日本和歐洲均有人食用。從前日本人在結婚之前，會未雨綢繆的栽植幾棵日本七葉樹（*A. turbinata*），長成大樹後即可收取種子，切片、磨粉蒸煮成「栃餅」或製成麵食、飼料，目前尚有少量製作。種子亦有止痛、麻醉、殺蟲等效，可敲碎毒魚，製作肥皂、沐浴油，歐美國家並萃取歐洲七葉樹（*A. hippocastanum*）製藥（可抑制血栓）或製成化妝品。

　　台灣以高冷地較適合栽培，梅峰農場有種植幾棵，是一種值得期待的美麗植物。

歐洲七葉樹，果殼有刺。

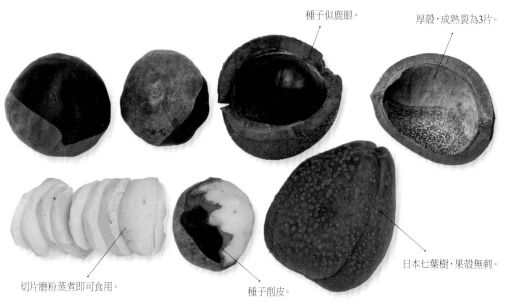

種子似鹿眼。

厚殼，成熟裂為3片。

切片磨粉蒸煮即可食用。

種子削皮。

日本七葉樹，果殼無刺。

- **識別重點** 落葉性喬木或大灌木,高5至30公尺,樹徑可達1至4公尺。掌狀複葉,對生,小葉5至7片,葉緣鋸齒狀。圓錐花序,開於枝端,花4至5瓣,紅、白、黃等色。堅果有或無刺,直徑2至7公分,成熟時果殼裂開,種子咖啡色,1至3粒。
- **別名** 天師栗、猴板栗、娑羅樹。
- **英文名** Horse Chestnut、Buckeye。

歐洲七葉樹果殼有刺(紐西蘭南島)。

日本七葉樹結果(日本東京)。

日本七葉樹開花(日本東京)。

歐洲七葉樹開花(英國倫敦)。

美洲胡桃屬	*Carya pecan=Carya illinonesis*	產期 9～11 月 花期 4 月	嘉義農試所

美洲胡桃

　　原產於美國密西西比河流域至墨西哥北部，早期為印地安人喜食的野果，並製成乳漿烹飪或飲用，現在幾乎都是人工種植，並為庭園觀賞樹木。為美國重要的外銷乾果，盛產於喬治亞州、德州與新墨西哥州，為德州之州樹。大多以機械震動方式收集落果，經過去皮、清洗、乾燥、破殼、分級、包裝等程序，即可販售，以「Pecan」之名行銷各國，產量居世界之冠。澳洲、祕魯、加拿大、中國、日本、印度、以色列、南非、西非也有引進栽培。

　　日治時期由舊金山引進，惠蓀林場曾有種植但不知是否安在。嘉義農試所有一株標本樹，樹形不如原產地高大，可能是氣候環境較潮濕或缺乏授粉樹，開花後很少結果，市售的乾果皆為美國進口，也稱為「大核桃」、「大胡桃」。

　　春季開花，屬於風媒花，秋末成熟果皮裂開、掉落。和胡桃相比，美洲胡桃的果殼較薄易破開，加工容易，種仁略甜，有些還帶有香氣。可生食、製糕點、冰淇淋、糖果、榨油，油質清香品質佳，可供食用或工業用。

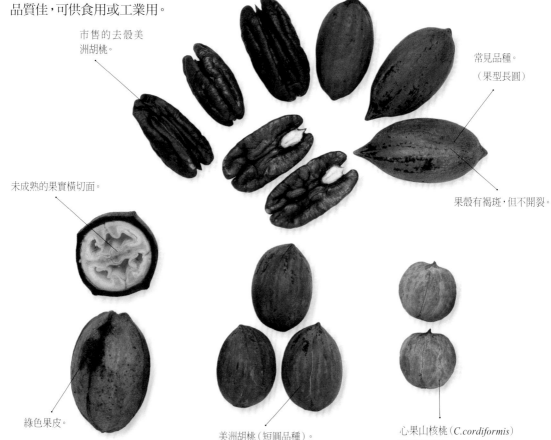

市售的去殼美洲胡桃。

常見品種。（果型長圓）

未成熟的果實橫切面。

果殼有褐斑，但不開裂。

綠色果皮。

美洲胡桃（短圓品種）。

心果山核桃（*C.cordiformis*）味苦不可食。

果面有四個稜，9至11月成熟。

- **識別重點**　落葉性大喬木，原產地高可達18公尺，羽狀複葉，小葉9至17枚，葉緣鋸齒狀。雄花序下垂狀，3穗1束。雌花2至10朵成穗狀。核果，果面有4稜，果殼光滑並有褐色斑紋。
- **別名**　長山胡桃、長山核桃、美國山核桃、薄殼山核桃、大胡桃、碧根果。
- **英文名**　Pecan。

雌花2至10朵成穗狀。

小葉對生。

雄花序下垂狀，1束分成3穗。

奇數羽狀複葉長30公分以上，小葉基部歪斜，尾端銳尖，鋸齒緣。

胡桃屬	*Juglans regia*	產期　9～10月 花期　4～5月	福壽山農場、武陵農場。

核桃

　　原產於歐洲東南部、亞洲西南部至中國新疆伊犁一帶，目前在伊犁河谷仍有野生的植株，惟數量不多，已受到保護。人工栽培則很多，張騫出使西域時引進中原，稱為「胡桃」。以中國年產量190萬公噸為最多，佔全球五成；美國次之，伊朗、土耳其亦為生產大國。美國是世界最大的出口國（帶殼、去殼均有），主要產於加州。

　　春天開花，屬於風媒花，混植不同的品種有助於結果，因此雜交產生的變異品種亦多。秋天果實成熟，打落或自然脫落後脫皮、沖洗、晒乾即可販售。種仁可生食、水煮、入藥、製糕點、糖漬，並用來榨油、製做醬料。果皮可做染料，果殼可製活性炭。木材堅密細緻，可製造槍托、家具。

　　喜涼爽乾燥，台灣未曾經濟栽培，市面上的核桃多由美國進口。中國已培育出適合華南氣候的品種，園藝業者曾引進推廣。福壽山農場的果樹觀察區有兩棵1963年定植的核桃，每年開花結果，據農場表示，烘烤後食味頗佳，有興趣的讀者可前往觀察認識。

　　核桃屬的植物大約有15至20種，主要分佈於北美、亞洲至歐洲溫帶地區，大多果殼厚、種仁小。部分野生核桃的口感佳、營養價值高，具開發價值，但敲打取仁時易碎成小塊，食用上較不方便。

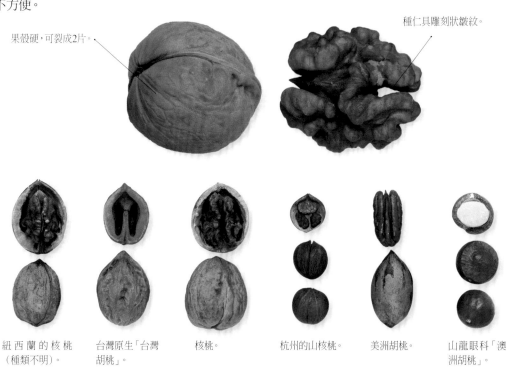

果殼硬，可裂成2片。

種仁具雕刻狀皺紋。

紐西蘭的核桃（種類不明）。　　台灣原生「台灣胡桃」。　　核桃。　　杭州的山核桃。　　美洲胡桃。　　山龍眼科「澳洲胡桃」。

▲幾種以「核桃（胡桃）」為名的植物。

武陵農場的胡桃。

核果圓球形,易生理落果,成熟時僅剩1至3個。

雌花序穗狀,著生於枝梢,子房外密生柔毛。

- **識別重點** 落葉性大喬木,高6至10公尺,奇數羽狀複葉,小葉3至11枚,全緣。雌雄同株異花,雄花序下垂狀,不分歧;雌花3至6朵成穗狀。核果,果殼硬,具雕刻狀皺紋。
- **別名** 胡桃、羌桃、波斯胡桃、英國胡桃、普通胡桃。
- **英文名** Walnut。

中國野生種　　　　北美野生種

核桃與鬼胡桃、姬胡桃之自然雜交種。

中韓品種核桃

歐美品種核桃

▲不同的核桃,果型、大小略異。

奇數羽狀複葉。

雄花序葇荑狀
下垂,不分歧。

木通屬	*Akebia* spp.	產期　9～11月 花期　3～5月	零星栽培觀賞

木通果

　　原產於中國、韓國、日本與台灣的蔓性植物，在中國主要供藥用，有催乳、調經等效，稱為「野木瓜」。果樹栽培以日本為主，為江戶時代珍貴果品之一，一般庭院偶有栽植。歐美國家也有引進但以觀賞為主。花序成串，花萼3片，成熟果粉紫色或藍紫色，賞心悅目，果實裂開前即可採收。

　　在日本，可分為三葉木通（*A. trifoliata*，小葉3片）、木通（*A. quinata*，小葉5片）、兩者雜交的「五葉木通」（*Akebia* x *pentaphylla*，小葉5片），以三葉木通栽培最多，主產於山形、愛媛、秋田、長野等縣，但面積不多。秋天前往日本時不妨到生鮮超市買來品嘗：果皮厚軟，種子外層半透明假種皮甜如釋迦，有特殊香氣，可惜果肉不多，吐種子也不方便。除了鮮食，亦可鹽漬保存。果皮、果肉、嫩葉可油炸成天婦羅，空果皮可塞入魚、肉烤蒸，嫩果可換水煮食。

　　日本另有不同屬的「郁子（*Stauntonia hexaphylla*）」同樣甘甜可食，差別是小葉5至7片，常綠性，花萼6片，果熟不裂開。

　　木通果具自交不親和性，混植不同品種並人工授粉以提高結果率。

木通成熟果實裂開（日本山梨縣）。

日本超市販售的木通果，單價50日幣。

三葉木通是日本主要的木通（日本東京）。

三葉木通，小葉3片，在日本栽培最多（日本東京）。

· **識別重點** 落葉性木質藤本，莖蔓長可達十餘公尺。掌狀複葉，小葉3至5片。雌雄同株異花，總狀或圓錐花序，雌花位於基部，數量較少；雄花位於下端，多數。無花瓣，花萼3片，紫紅色為主，亦有白萼品種。蓇葖果，果皮成熟變軟，裂開成一條縫，種子外有白色假種皮，共約200粒。

· **別名** 木通、野木瓜。

· **英文名** Akebia、Chocolate Vine。

開紫花的木通（日本東京）。

開白花的木通（日本東京）。

郁子成熟，果實不裂開（日本山梨縣）。

郁子未熟果（日本東京）。

郁子的葉片為掌狀複葉，小葉5至7片（日本東京）。

酪梨屬	*Persea americana*	產期　6～2月，8～10月盛產 花期　12～4月	台南、嘉義、台東 （以上為超過100公頃）。

酪梨

　　原產於墨西哥、中南美洲亞熱帶至熱帶地區，在當地已有數千年食用歷史。以色列、肯亞、南非、印尼、中國、中南美洲等溫暖地區普遍栽培，墨西哥的產量占全球三成居首，並為最大出口國。有700多個品種，經濟栽培約20餘品種，最主要的品種為Hass（哈斯）。日治時代自澳洲引進，台南市大內區為最大產地。

　　春季開花，雌蕊先成熟，混植不同品種並放養蜜蜂可提高著果率。果實成熟後在樹枝上不會自然變軟，可掛樹保留1至3個月再採收，搭配成熟期互異的品種，供果期可長達半年。具後熟作用，摘下數日果皮變色果肉變軟才可食用。含有豐富的熱量、不飽和脂肪酸、維生素A、B6、C、E、葉酸、植物性蛋白質、礦物質與纖維素，不含膽固醇，被金氏世界紀錄認證為最營養豐富的水果，廣受歐、美、日等先進國家的歡迎，稱為「幸福果」。

　　味道平淡，可切塊沾醬（醬油、鹽、糖、醋、蒜泥）、做成生菜沙拉（混合甜瓜、番茄）或塗抹三明治。最常見方式是打成酪梨牛奶，享受那營養而平凡的幸福滋味。果仁油滲透性佳，可製成護膚乳、防曬油或化妝品。

果實變軟方可食用。

果面有疣粒的Hass品種。

無籽酪梨。

種子一粒。

果面平滑的品種。

葉片全緣，乾燥後磨成粉末，可用來料理雞肉或魚肉。

橢圓形的酪梨。

・**識別重點** 常綠喬木，少數在開花期有落葉現象，一般修剪成3至4公尺高。單葉，互生，全緣。圓錐花序，生於枝端或葉腋，每花序有花數百朵。花6瓣，黃綠色，有淡清香。核果，洋梨形、圓球形或卵形，熟時綠或黑紫色，重250至1,000公克不等。果肉黃色，種子1粒。

・**別名** 鱷梨、樟梨、幸福果、油梨、牛油果。

・**英文名** Avocado、Alligator Pear。

酪梨開花，開於枝端或葉腋。

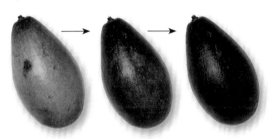

酪梨後熟第一天　　　第二天　　　第三天

長圓形的酪梨。

洋梨形的酪梨。

| 1. 巴西栗屬
2.3. 猴胡桃屬 | 1.巴西栗： *Bertholletia excelsa*
2.小猴胡桃： *Lecythis minor*
3.大猴胡桃： *Lecythis zabucajo* | 產期　11～1月
花期　5～9月 | 嘉義農試所、南部零星栽培。 |

猴胡桃與巴西栗

　　猴胡桃屬的果樹原產於巴西、圭亞那等熱帶美洲地區，古巴、美國佛州、夏威夷等亦有栽培，日治時期引進台灣，南部也有業者進口種子繁殖苗木販售。

　　果實形狀如水杯，並有一個果蓋，內藏數顆種子。成熟後果實掉下或蓋子打開，種子為猴子、鼠類所喜食，故名。未被取食的種子則發芽成小樹苗。木材堅硬耐濕，可供棟梁、水閘、碼頭建築之用。

　　小猴胡桃的果實直徑約6公分，大猴胡桃約13至15公分，但後者在台灣不曾結果，可能是缺少授粉蜂的緣故。種子可鮮食、榨油、製作肥皂或燈油。

　　巴西栗為巴西栗屬單一種植物，原產於玻利維亞、巴西、祕魯亞馬遜河流域森林中，樹高可達40公尺，果重超過2公斤，為避免被砸傷，早期都是帶著頭盔收集地面落果。因野生植株日漸減少，巴西、象牙海岸已有人工栽培。全球年產量不到10萬公噸，以巴西佔39%為最多。台灣栽培的巴西栗據說不曾開花，進口的種子俗稱巴西堅果，年進口量約3公噸。

　　猴胡桃與巴西栗都是舉世聞名的美味堅果，富含養分及油脂，但產量均不多，為高價堅果。

去殼的種子。

帶殼的巴西栗（澳洲墨爾本）。

大猴胡桃的葉端較尖，葉面光滑。

果蓋，成熟時脫落。

巴西栗的果實與帶殼種子。（美國紐約自然史博物館）

- **識別重點** 常綠喬木，高8至10公尺或更高。單葉，互生，長披針形，疏鋸齒緣。圓錐或總狀花序，花白色或粉紅色，6瓣，萼片6枚。蒴果，果殼堅硬木質化，蓋裂。種子褐色，表面有稜。
- **別名** 1.巴西栗：巴西堅果、鮑魚果；2.猴胡桃：猴缽樹。
- **英文名** 1.巴西栗：Brazil-Nut、Para-Nut、Cream-Nut；2.小猴胡桃：Monkey Pot、Monkey Pot Nut；3.大猴胡桃：Monkey Nut、Sapucaya Nut、Paradise Nut。

巴西栗最早由巴西出口到美國，故名。

小猴胡桃開花，白色，6瓣，雄蕊黃色，花絲基部合生。

小猴胡桃結果，蒴果成熟蓋裂。

成熟蓋裂的小猴胡桃果實，種子已被野鼠吃光。

| 黃褥花屬 | *Malpighia punicifolia* | 產期 夏、秋為主
花期 3 ～ 11 月 | 台南佳里 |

大果黃褥花

　　原產於墨西哥至祕魯、委內瑞拉，為西印度群島早已栽種食用數百年的果樹，美國佛州、夏威夷、印度、東南亞等熱帶、亞熱帶地區多有種植，以巴西栽培最多。日治時代與光復後多次自波多黎各、巴西引進台灣，中南部零星栽培。

　　春至秋天開花，花謝後3至4星期果實成熟，外觀似櫻桃，也稱為西印度櫻桃。或紅或紫，結果期長達半年。終年常綠，花色柔美，適合種於庭院、公園當作綠籬、盆景。果實轉紅即可採下食用，皮薄肉黃，味道偏酸，有特殊香氣，可打果汁，製果醬、果凍、蜜餞、布丁、釀酒。西印度櫻桃可分為酸味、甜味二系統，以前者產量較高，但糖度在8%以下；後者糖度在10%以上，口感相對較佳。

　　維生素C含量為番石榴10倍以上，以綠熟果含量最高，紅熟後略降低，1天食用半顆即高於每日建議攝取量55毫克。熟果易掉落，應2至3日採收一次；鮮果不耐貯藏，應迅即榨汁冷凍，可加工成維生素C錠片，或應用於食品或化妝品工業。

味酸略甜，易落果。

果肉橘紅色。

種子3粒。

- **識別重點** 常綠灌木，高2至5公尺。單葉，對生，全緣。聚繖花序，花5瓣，粉紅色。核果，果皮光滑或帶有皺縮，成熟時紅色，種子3粒。
- **別名** 西印度櫻桃。
- **英文名** Acerola、West Indian Cherry。

果實橙紅色至紫紅色，成熟期並不一致。

列植修剪成綠籬（澄清湖）。

綠熟果的維生素C含量最高。

花粉紅色，直徑約2公分，5瓣。

木槿屬	*Hibiscus sabdariffa*	產期　11～1月 花期　9～12月	台東縣（超過200公頃）。

洛神葵

　　原產於熱帶非洲或印度，早期以牙買加栽培最盛，為酸性調味料，稱為Jamaica sorrel。各大洲高溫地區都有栽培，中國、泰國、蘇丹、埃及、塞內加爾、墨西哥、牙買加都是生產大國。莖皮纖維可編織麻布、繩索，印度、泰國有利用纖維而栽培者。

　　日治時代引進台灣，主要品種為勝利（Victor）。每年3至4月播種，摘心後可促進分枝，9月起日照變短進入開花期。萼片隨著果實的發育而肥大，10月起分批採收，剔除果實後可加糖煮製果醬、果汁、蜜餞、果凍，亦可晒乾泡茶，帶有爽快的酸味。各地零星栽培兼觀賞，75%產於台東縣，以金峰鄉最多，每公頃產量可達6公噸。

　　富含花青素、有機酸、酚類化合物、果膠、維生素C，歐美等國除了當作綜合果汁的原料，並提煉食用紅色色素。有降血脂、抗高血壓及護肝等效，被譽為十大抗氧化作物之一。台東改良場已萃取研發面膜、眼霜、活膚露、保濕乳液、撫紋精華液，並致力於新品種的選育。金門大學則積極研發洛神酒，期望打造成高粱酒外另一項農特產品。

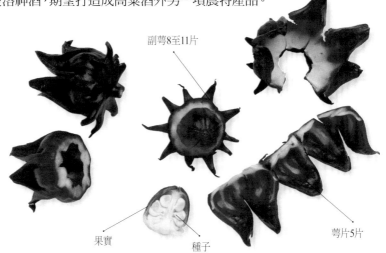

副萼8至11片

果實　　　種子　　　萼片5片

萼片於花謝後逐漸肥大，內藏果實1顆。

農友採收洛神葵。

- **識別重點** 一年生草本，灌木狀分枝，高2至3公尺，莖皮紅色為主。單葉，互生，幼株葉片不分裂，成株掌狀3至5裂。花單生於葉腋，淡黃色，5瓣。萼片肉質，5裂，外側有8至11片小型副萼。蒴果，種子約30粒。
- **別名** 洛神花、玫瑰麻、玫瑰茄、羅濟葵。
- **英文名** Roselle、Jamaica Sorrel。

花瓣淡黃色，花心紅紫色，自花授粉為主。

洛神葵以台東栽培最多。

接近中午花瓣逐漸轉為粉紅色。

觀賞用品種—雞尾酒白。

蘭撒果屬	*Lansium domesticum*	產期 7～10月 花期 5～6月、7～8月	中南部零星栽培

蘭撒果

　　原產於馬來西亞，東南亞地區廣泛栽培。果實簇生於老枝或樹幹，一串串如龍眼，果肉味道像文旦，清甜而略酸或無酸，是東南亞上等水果之一。日治時期即引進台灣，開放出國觀光後，南部已有老饕自行引進栽培，但產量不多。

　　依屬名音譯為「蘭撒」，香港稱為「蘆菇」。品種不多，在泰國最好吃的大概是「龍貢Dokong」。果實比荔枝的果串緊密，大小如乒乓球，產量高。果皮奶油色或淺褐色，剝開後可見3至5瓣乳白色透明狀的果肉（假種皮），柔軟多汁會黏手，帶有芳香。可播種、嫁接、高壓或扦插繁殖。

　　在泰國，蘭撒果的單價可媲美山竹，據說是泰國皇后的最愛，部分品種無籽，不但應該試吃，也是值得推廣的熱帶果樹。

- **識別重點**　常綠喬木，嫩枝、新葉及嫩芽均披銹褐色柔毛。羽狀複葉，互生，小葉約9枚，互生。穗狀花序，1至數穗串生於枝幹。漿果，球形或卵圓形，表面密生短茸。種子4至5粒。
- **別名**　蘆菇、龍貢、度古、泰國黃皮、蓮心果。
- **英文名**　Langsat。

果肉半透明。

果殼可撥開。

羽狀複葉，表面具光澤。

果串下垂狀，著生於樹枝幹。

山陀兒屬	*Sandoricum koetjape*	產期 7～9月 花期 2～5月	中南部零星栽培

山陀兒

　　原產於印度、馬來西亞、東南亞、模里西斯、中美洲、西印度群島、美國等熱帶地區也有栽培。日治時代自新加坡引進台灣，以英名音譯為「山陀兒」，聽起來讓人覺得食慾不振，果樹達人陸人丙先生依其果色稱為「金錢果」。

　　果實約網球大小，球形或扁球形，夏天成熟。果皮黃褐色，有細毛。果肉柔軟，白色，黏稠狀，2至5瓣，味道因品種而異，台灣早期引進的都很酸。如果是甜味種則相當可口，據形容風味類似水蜜桃及山竹，而且營養豐富，在美國已成為很受歡迎的水果。為東南亞常見果樹，並有四倍體大果品種。

　　鮮食為主，也可去籽作果汁、冰淇淋、果醬、果凍、糖果、罐頭或釀酒。果皮可加工成甜點，樹皮纖維可製成魚線。

- **識別重點**　常綠喬木，高6至30公尺，新梢、葉片有短毛茸。三出複葉，互生，長22至55公分，全緣。圓錐花序，開於葉腋，花5瓣，乳黃色，雄蕊花絲連合成筒狀。漿果，球型略扁，成熟時黃土色，果肉（假種皮）白色，味酸甜。種子2至3粒。
- **別名**　大王果、金錢果、酸多果。
- **英文名**　Santol、Sandol。

枝寬葉大，成長迅速，可當遮蔭樹。

果肉甜或酸、黏質。　　果皮厚。

開花於新梢葉腋，花序有小花20至80朵。

成熟的果實金黃色或黃土色，直徑7至10公分（新加坡）。

| 麵包樹屬 | 1. 無子麵包樹：*Artocarpus altilis*
2. 有子麵包樹：*Artocarpus incisus=Artocarpus communis* | 產期　6～8月
花期　3～5月 | 花蓮 |

麵包樹

原產於馬來半島，太平洋島嶼、印度、東南亞、西印度群島等熱帶地區多有栽培，種子富含澱粉，和芋頭、甘藷同為熱帶居民重要的食糧。阿美族朋友稱其為「阿巴魯Apalo」，幾百年前即已當作食材，蘭嶼低海拔山區有野生。在台灣僅花蓮地區把麵包樹當作果樹栽植，摘採後於傳統市場販賣，其他各地僅零星供觀賞。果重約1公斤，燒烤後風味似麵包或馬鈴薯，亦可切片油炸再以奶油、肉汁調味。或削皮後切片，加入小魚乾、排

無子麵包樹的樹勢更高大，台灣極為少見（新加坡）。

骨、香菇煮湯，味道爽口。成熟的果肉（假種皮）橘紅色，柔軟而有甜味，可以生吃。種子煮熟後風味像栗子，又稱為Bread nut。

另有無子（籽）麵包樹（Seedless Breadfruit），葉片缺裂較深，雄花序較長，可長逾20公分，果皮的龜甲狀突起較為平緩，成熟時黃綠色，果肉中無種子，可鮮食亦可加工成乾果片，熱帶地區常見栽培，台灣極少見。

樹幹粗壯，可當建材或製造獨木舟，白色的樹液有黏性，可以黏貼小物件。雄花序晒乾後可點燃當作蚊香。

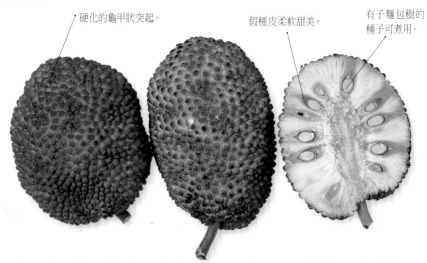

硬化的龜甲狀突起。　　　假種皮柔軟甜美。　　　有子麵包樹的種子可煮用。

· **識別重點** 常綠喬木，全株有白色乳汁，高可達15公尺。單葉，互生，長20至60公分，寬36至45公分，全緣或3至9深裂。托葉2片，易脫落。雌雄同株，雄花序棒狀。雌花序球狀，直徑約5至10公分。多花果，有或無種子，外表有龜甲狀突起。

· **別名** 麵包果。

· **英文名** Breadfruit。

無子麵包樹，雄花序長20公分或更長。

結果枝老葉少缺裂。

結果於枝梢葉腋
（有子麵包樹）。

有子麵包樹雄花序，長10餘公分。

有子麵包樹可當果樹與行道樹。

無子麵包樹的葉子缺裂，果梗較長。

麵包樹屬	*Artocarpus heterophyllus*	產期　全年，5～9月及1～2月為主 花期　11～3月、8～9月，有時全年開花	各地零星栽培，南部結果較多

波羅蜜

　　原產於印度，在當地有三千多年的栽培歷史，中國華南、東南亞、中南美洲、模里西斯等熱帶地區都有種植。果肉（假種皮）香甜，有香蕉、甜瓜等水果的綜合氣味。在原產地，連印度象都很愛吃，沿路排便釋出的種子則有機會發芽長大成樹。種子富含澱粉和蛋白質，煮後風味似菱角、栗子，為熱帶居民的重要食糧。

　　波羅蜜的梵名為Paramita，意思為「味甘甜」，早年由荷蘭人自南洋引進台灣，音譯為波羅蜜可說十分貼切。中南部栽培較多，北部亦可結果，台北植物園內的波羅蜜即每年開花結果，只是樹幹高層的果實常被松鼠啃食，低層的果實常被偷採，僅極少數能留待成熟。

　　鮮食為主，冷藏或冷凍可增添風味，乾燥之後便於儲運，是台東名產。在東南亞，波羅蜜也被作成糖水罐頭、果片，為外銷商品之一。

由左至右為：波羅蜜雌花序、雄花序與幼果。

果實具黏汁，取食會沾黏雙手或刀具。

種子數十粒。

葉片全緣，無毛。

- **識別重點** 常綠喬木，高4至20公尺。葉片互生，全緣，幼芽外包覆2片托葉，旋即脫落。雌雄同株，雄花序著生於枝端或葉腋，外形較狹長。雌花序著生於樹幹或樹枝，外形較大。多花果，外表有龜甲狀突起，成熟轉為黃褐色。種子外層的假種皮味道甜美。
- **別名** 木波羅、樹波羅、菠蘿蜜、天波羅、優缽曇、婆那娑、曩伽結。
- **英文名** Jack Fruit、Jack Tree。

果實密布瘤刺，結於主幹或主枝。

去籽待售的波羅蜜（泰國曼谷）。

傳統市場販售的波羅蜜。

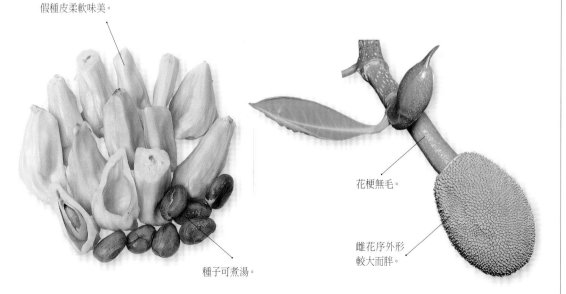

假種皮柔軟味美。

種子可煮湯。

花梗無毛。

雌花序外形較大而胖。

麵包樹屬	*Artocarpus integer*	產期　6～9月 花期　11～2月	屏東、高雄、台東、嘉義。

小波羅蜜

　　原產於馬來西亞、印尼、泰國的熱帶果樹，嫩葉和幼果可當蔬菜，木材可當建材或造船。東南亞廣為栽培，澳洲昆士蘭、新幾內亞、中國海南、廣東、福建均已引進。台灣於1994年由鳳山園藝所開始試種。

　　為波羅蜜的近緣植物，外形與波羅蜜相似，差別在於小波羅蜜的嫩枝葉有毛、果實較小、長橢圓形、果皮較薄，果梗也較長。切開後可見一球球的果肉（假種皮），白色、黃色或偏紅色因品種而異。果肉薄，甜度高，取食不會黏手，並具有「榴槤」的風味，又名「榴槤蜜」。果重因品種而異，一般1至2公斤，很少超過5公斤，適合小家庭購買。除供鮮食，亦可製果醬、蜜餞、果凍、脆片、冰淇淋或釀酒。種子煮熟後可食用，鬆軟留香，風味似菱角。

　　耐寒性較波羅蜜差，僅南部地區較適合栽培。嫁接繁殖時可用波羅蜜為砧木，栽培時應限制樹高以防風害。結果量多，國內栽培已逐漸增加，市場偶見零售。

小波羅蜜幼果。

果面瘤刺狀，亦有刺面較平的品種。

切口不流汁，不黏手。

種子可煮食。

假種皮柔軟味美，容易剝取。

- **識別重點**　常綠性喬木，高5至20公尺，葉片互生，葉背有毛。雌雄同株異花，雄花序較細長，雌花序較肥胖。多花果，不規則長橢圓、圓筒或不規則形，果面瘤刺狀，假種皮味甜可食。種子10餘粒。
- **別名**　榴槤蜜、尖百達、尖蜜拉、小樹波羅、小木波羅。
- **英文名** Chempedak、Chempedek。

小波羅蜜葉片全緣，葉背有毛。

泰國曼谷的小波羅蜜。

小波羅蜜的雌花序，花梗有毛。

夏季成熟，黃色或偏綠色。

| 榕屬 | *Ficus carica* | 產期 四季均有，7～3月較多
花期 全年均有 | 中南部栽培較多 |

無花果

　　原產於阿拉伯、小亞細亞及地中海沿岸，為《聖經》中經常提到的果樹，古人誤認為它不須開花即結果，故名。事實上無花果的小花成千上萬，和愛玉子一樣，都包藏於球狀的花托中。西亞、北非、南歐等乾燥地區栽培極多，果皮綠、黃或紫色，全球年產量約115萬公噸，以土耳其獨占四分之一為最多。日治時代引進台灣，至今零星栽培。

　　和愛玉子一樣，野生的無花果須要小蜂幫助授粉才能結果，但目前普遍栽培的品種大多為全雌花系，不須授粉也能結果，因此可栽培於網室中。扦插繁殖為主，整枝後適度密植。隨著新梢的成長，每節葉腋可結1果，視成熟度分批採收。果實含水量高，易於腐壞，清晨採下後迅即預冷可冷藏保鮮1至2週，欲長期保存則應脫水乾燥。

　　柔軟多汁，甜而微酸，富含果糖、葡萄糖、蛋白質、維生素與膳食纖維，為歐美國家重視的高營養食物，切開後直接鮮食。亦能製成果醬、蜜餞、罐頭、釀酒、烹飪或入藥。台灣市場上以乾果為主，大多由伊朗、土耳其與美國進口。鮮果尚屬少見，而且單價不便宜。

果頂開口。

花托

葉片長10至20公分，掌狀3至6裂。

瘦果

· **識別重點** 落葉性小喬木，高2至5公尺，全株具乳汁。單葉，互生，掌狀3至6裂。隱頭花序，單生於葉腋，花極小，著生於中空的肉質總花托中，可分為雄花、雌花與蟲癭花，頂端有一小開口，可供無花果小蜂進出授粉。隱花果長5至8公分，扁圓、球形或洋梨形，成熟時黃、紅、綠、紫紅等色。內有無數小瘦果。

· **別名** 蜜果、映日果、優曇鉢。

· **英文名** Fig、Fig-tree，Common Fig。

果形較長的無花果品種。

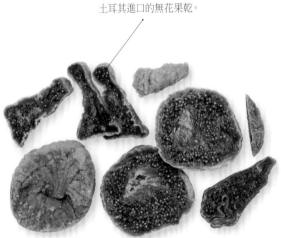

土耳其進口的無花果乾。

果實由總花托和其他花器膨大而成，每1節能結1果。

無花果套袋保護中。

雌花經過授粉小蜂授粉後，發育為小小的瘦果。

榕屬	*Ficus pumila* var. *awkeotsang*	產期 9〜3月採收，乾品全年均有 花期 雄株6及11月為主，雌株6月為主	高雄、嘉義 （以上為超過200公頃）

愛玉子

　　台灣特有的爬藤類果樹，藉由氣根攀附在原始林木或岩石上。主要都是野生的，採果工作辛苦並有墜落的危險。低海拔山區、平地也有少量人工種植，但必須雌、雄株都種植，並且連「授粉小蜂」一起引進當作「媒人」才能授粉與結果，目前人工果園產量偏低。

　　每年自9月起，高雄那瑪夏、嘉義阿里山、台東海端、南投信義等原住民鄉進入採收愛玉子的季節，高雄桃源區更有全台第一個愛玉子產銷班。果實在成熟轉紅之前即須採下，去頭、削皮、縱切後曝曬，待果實軟化順著切口翻剝過來，再度曝曬至乾硬，即可運輸、儲藏或加工搓洗。只有雌株的果實有瘦果，瘦果富含果膠，不須糖的幫助即可凝膠，可搓洗成凍。成熟轉紅的實也可生吃，味道清甜，類似無花果，但已無乾製加工的價值。

　　愛玉凍清淡Q彈，高纖而低熱量，消暑解渴，是台灣的特產，深受國人喜愛，也值得發揚到海外。

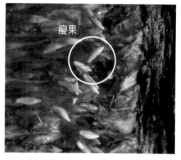

白色瘦果，富含果膠。

愛玉子與授粉小蜂有共生關係，缺少小蜂即無法結果。

傷口有乳汁。

葉片互生。

鮮採的雌隱花果。

花托囊狀。

果面密佈白點。

果頂有小開口。

數以千計的雌花。

・**識別重點** 多年生常綠藤本，全株有白色乳汁。單葉，互生，全緣，嫩葉紅褐色。雌雄異株。隱頭花序，分為雌花（著生於雌株）、雄花和蟲癭花（著生於雄株），包藏於囊狀的花托中，開花時先端會張開一小洞供小蜂進出授粉。隱花果，長6至10公分，暗綠色。

・**別名** 愛玉、枳仔、草子仔、草枳仔。

・**英文名** Jelly Fig。

人工栽培的愛玉子。

剛採收立即削皮、縱切（嘉義阿里山鄉特富野）。

高雄市茂林區多納村民刮取愛玉果。

愛玉子曝曬與翻剝（台東關山利稻）。

小朋友搓洗愛玉。

| 桑屬 | 1.白桑：*Morus alba*
2.長果桑：*Morus macroura* | 產期　3～4月為主
花期　2～4月為主 | 台南、花蓮
（以上為超過7公頃）。 |

桑椹

　　桑屬植物原產於中國、日本、西亞及北美洲，歐洲、南美洲、非洲等溫暖地區也有種植。種類很多，可分為餵蠶的「葉桑」，如白桑、廣東桑、魯桑、台桑1號、2號、3號；以及採桑椹的「果桑」，如黑桑、長果桑、苗栗1號、2號、3號。不同的桑樹容易互相雜交。

　　我國古代的桑樹多是葉、果兼用，最重要的品種為白桑，以餵蠶為主。目前歐美等國也都有植桑養蠶。台灣因為養蠶人工昂貴，現今各地果園中栽培的多屬於果桑，產量高，但產期集中，且果實不耐貯藏。

　　冬天落葉，春天長葉開花，配植授粉樹可幫助結果，適度疏花、疏果可提高品質。清明節前後陸續成熟，以果大、肉厚、紫黑色、長圓形者為佳。味道酸甜，營養豐富，除供鮮食，也能製作蜜餞、果汁、茶包、果露、果凍、桑椹酵素或晒成果乾，亦能釀醋、製酒、提煉色素。苗栗縣公館鄉農會以保證價格契作收購桑果，不但果農有保障，加工成果醬、桑椹冰，甚受消費者歡迎。

桑樹的雌花序，柱頭有分岔。

結果枝的葉片多不缺裂。

富含花青素
呈紫黑色。

多花果，愈成熟色
澤愈深。

- **識別重點** 落葉灌木或喬木，全株有白色乳汁。高3至15公尺。單葉，互生，3至5裂或不缺裂，葉緣鋸齒狀，葉面光亮，背面常有短毛。雌雄異株，葇荑花序，無花瓣。雄花序較長，授粉後即脫落，雌花的柱頭有分岔。多花果，白紅紫黑等色，俗稱「桑椹」。
- **別名** 桑樹、鹽桑仔、娘子葉樹。
- **英文名** Mulberry。

幼株的葉片為缺裂狀。

白桑是中國自古即有的品種。

長果桑甜度高口感佳。

桑葉茶包。

苗栗改良場開發的桑椹產品，包含發酵液、紅酒、果汁、果醋、果醬等。

芭蕉屬	*Musa acuminata*	產期　全年 花期　全年	屏東縣、南投縣、嘉義縣、高雄市 （以上為超過 2,000 公頃）。

香蕉

　　原產於東南亞雨林，為世界上最重要的熱帶果樹，少部分產自亞熱帶。估計每年約有50億把的香蕉從中南美洲、南亞、非洲外銷到溫帶國家，賺取外匯。全球年產量逾一億公噸，以印度獨占1/4為最多；論出口量以厄瓜多最大，但其品種風味較平淡。

　　屬於更年型水果，採下後可冷藏保存一個月，適合長途海運，到岸後再用乙烯催熟販售。台灣的香蕉甜而香，早年幾乎獨佔日本市場，後來因為黃葉病及成本提高等因素，日本改由菲律賓、厄瓜多進口，以「香芽蕉」為主，台蕉在日本市佔率已降低至2％，只剩春蕉價格較高。目前台灣的香蕉以內銷為主，外銷大陸數量則逐年加溫。

　　品種很多，概分為「生食蕉」和「煮食蕉」。生食蕉後熟軟化即可鮮食；煮食蕉（大蕉）需經煮炸煎烤或晒乾磨粉食用，部分用來釀酒。若依基因組則有A群、B群、AB群之別：商業品種大多為華蕉系（AAA）三倍體故無種子；另 AAB、AB、二倍體AA、AB或四倍體AAAA均較少栽培。

　　香蕉營養豐富而易消化，尚可加工成香蕉汁、脆片、果乾或果醬，或製成澱粉應用於麵食或烘焙加工。

李林蕉，屬於AA基因型，為二倍體香蕉。

乙烯催熟處理中之香蕉。

後熟變軟的香蕉果手。

三倍體無種子。

· **識別重點**　多年生大型常綠草本。具地下球莖,可以貯藏養分並不斷長出新芽及葉片。圓柱形像樹幹的是葉鞘組成的「假莖」。葉片長約3公尺,平行脈。總狀花序,自假莖頂梢抽出,下垂狀。分為雌花、中性花和雄花,分層排列,每層約14至20朵。漿果分層排列合稱為「果房」,每一層稱一「果手」或「果把」。每果手有10至18漿果。種子黑色,通常無種子。

· **別名**　1.香蕉:芎蕉、芭蕉、牙蕉;2.煮食蕉:大蕉、烹調蕉。

· **英文名**　1.香蕉:Banana;2.煮食蕉:Plantain。

香蕉開花,分層排列,此為雌花。

中南美洲、東南亞、台灣都有種植的紅皮蕉,屬於AAA群。

美國紐約超市的大蕉(煮食蕉)。

怕強風,應種在避風處或立支柱。

東南亞常見的烤香蕉(泰國曼谷)。

楊梅屬	*Myrica rubra*	產期　5〜6月 花期　2〜4月	台東縣卑南鄉、新北市八里區 （以上為超過5公頃）。

楊梅

　　原產於中國華南、韓國、日本及菲律賓，東亞各國栽培較多，以中國浙江為最大產地。歐美亦有引進但多止於觀賞。台灣中低海拔森林中也有野生，新竹以北較為常見，楊梅區舊名「楊梅壢」，意指山谷中有許多楊梅樹，只不過歷經二百年的開發，楊梅林所剩不多。

　　自古即為名貴的水果，以浙江產的最好吃，甜中沁酸，芳香而生津止渴，蘇東坡曾稱讚：「閩廣荔枝、西涼葡萄，未若吳越楊梅。」野生的楊梅果實小，經濟價值較低；專業栽培的品種主要源自於中國和日本，果實大品質佳。雌雄異株，果園中必須配植一些雄株才能幫助授粉與結果。成熟時暗紅色，輕輕撥動樹枝即脫落，不耐擠壓與久放，產期集中，栽培不普遍，以觀音山、大陽明山地區較多。

　　楊梅不耐儲運，除了鮮食，亦可糖漬、鹽漬、製成果汁、果醬、果乾、蜜餞或釀酒、醋。終年常綠、枝葉茂密，可種成行道樹、庭園樹或誘鳥樹。

　　另分布在恆春半島，台東海岸山脈一帶的恆春楊梅（又稱青楊梅，*Myrica adenophora*）果實亦可食用，產期3至4月，但植株較小型，尚少栽培應用。

成熟果實易脫落。

楊梅結果枝。

盛產期5至6月，產期極短，不常見。

- **識別重點**　常綠喬木，常矮化成3公尺高便於採收。深根性，根部有根瘤菌共生。單葉，互生，叢生枝端，幼齡樹葉緣鋸齒狀，成齡樹只有先端鋸齒狀，幼葉泛紅色。雄花序呈葇荑狀，著生於葉腋，無花瓣。核果，表面有粒狀突起。種子一粒。
- **別名**　樹梅、樹莓、朱紅。
- **英文名**　Chinese Strawberry、Tree、Baby's Berry。

恆春楊梅結果，熟果極易脫落，葉長3至5公分。

野生的楊梅，直徑約0.8至1公分。

雄花序花粉極多，屬於風媒花。

三芝區的農友江先生採收楊梅。

雌花序並不明顯，很多人不曾仔細觀察，誤認為是夜間開花。

嘉寶果屬	*Myrciaria cauliflora*	產期　4〜6月、9〜12月 花期　3〜4月、8〜10月	中南部較多

嘉寶果

本屬果樹約有數十種，原產於南美洲，為當地果樹之一，中美洲、美國佛州、加州及夏威夷等溫暖地區亦有栽培。台灣栽培最多的為沙巴嘉寶果，種小名*cauliflora*為樹幹上開花結果之意，原產於巴西大西洋沿岸，但其商品價值並非同屬果樹中最高。

春、秋兩季開花，屬於幹花植物，具香氣，可吸引蜜蜂授粉。開花後30至60天果熟，大致集中為兩期。成熟果似小一號的巨峰葡萄，一至十餘顆附於樹枝幹，俗稱樹葡萄。果皮含花青素故呈紫黑色，亦含單寧所以有澀味。果肉半透明，香甜多汁而微酸，有番石榴、葡萄、山竹等水果之綜合口味，採下後應低溫保鮮。可加工為果汁、果凍、果醬、冰品、蜜餞，口感相當不錯。釀酒的風味似紅葡萄酒。

枝葉形態優美，常培養成盆景、庭園樹與誘鳥樹。可惜實生苗需5至10年方開花結果，幼年期較長，中南部有零星栽培，埔里並有觀光果園供遊客採果。目前也有種苗、盆景外銷。

台南南元花園休閒農場的嘉寶果。

成熟的漿果宛如黑珍珠般泛著油光。

· **識別重點** 常綠灌木或小喬木，高2至
5公尺，樹幹光滑，老舊樹皮會剝落。單
葉，對生，全緣，先端銳尖。花單生或簇
生於枝幹，聚繖花序，白色。漿果，圓球
形或略扁，成熟時由綠轉為紫黑色，直
徑約2公分，種子1至4粒。

· **別名** 樹葡萄、擬愛神木。

· **英文名** Jaboticaba。

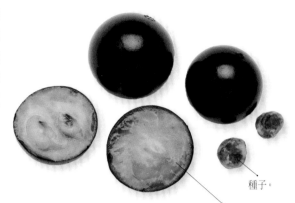

種子。

果肉半透明。

葉片對生，長
1.5 至3公分。

幹生花，花期極短，花色雪白，外形似番石榴的花，但較小。

斑葉嘉寶果，供觀賞為主。

番石榴屬	*Psidium guajava*	產期 全年 花期 全年	高雄市、台南市、彰化縣（以上為超過 1,200 公頃）。

番石榴

原產於熱帶美洲，明末清初傳入中國，因為來自「番邦」又像安石榴多籽，故名。東南亞、印度、孟加拉、斯里蘭卡、澳洲、紐西蘭、夏威夷、南非、埃及、墨西哥、古巴等中南美洲等熱帶及亞熱帶地區均有栽培。

品種不少，早年未改良的土拔仔果實小澀味強。後來引進的「泰國拔」曾讓農民爭相種植。近年來以肉質細緻甜度高的「珍珠拔」栽培最多，富含花青素的紅心芭樂、少籽的水晶拔等品種比較零星，果肉較厚的帝王拔尚在推廣中。修剪枝條可調節開花期，有助於周年結果；適時疏果及套袋可增進果實品質、防止日晒與蟲害。入秋後日夜溫差大有助於甜度提昇，肉質紮實口感佳，台灣的番石榴品質優於其他國家。

果皮褪為白綠色即可採收，維生素C主要集中在果皮附近，並富含膳食纖維。高雄燕巢是國內最大的產地，產量約占全台18%。鮮食為主，並外銷加拿大、香港、新加坡、中國。亦可製果汁、蜜漬、搗泥、製果醬或糖漿。

番石榴幼果。

珍珠拔。

珍珠拔是目前最主要的栽培品種。

紅心拔含有豐富的類胡蘿蔔素。

- **識別重點**　常綠小喬木，整枝後高2至3公尺。新枝四稜形，有毛茸。單葉，對生，搓揉時有特殊氣味。花1至3朵腋生，白色，4至5瓣。漿果，開花後80至115天成熟，果肉白、淡黃或粉紅色。果頂有宿存萼片3至5片。種子多數。
- **別名**　拔仔、芭樂、那拔仔。
- **英文名**　Guava。

番石榴分級包裝。

令人垂涎的芭樂乾。

高雄市大社區新推廣的帝王拔，為鳳山園藝所育成的新品種。

紅葉拔可食用兼觀賞。

花朵對生，雄蕊多達400枚，中間有一枚淡綠色的雌蕊。

番石榴屬	*Psidium littorale*	產期 7～10月 花期 4～5月	零星栽培供觀賞

草莓番石榴

　　為番安石榴屬的果樹，原產於巴西，熱帶美洲、夏威夷、東南亞等有引進，可能曾經由中國傳入歐洲，又名中國番石榴。日治時期引進台灣，各地零星栽培。果實成熟時為草莓紅，風味近似番石榴，故名。樹形和葉子近似榕樹，台語俗稱「榕仔拔」。

　　春至夏季開花，果實夏至秋天成熟，花、果類似迷你版的番石榴。果肉乳白色或粉紅色，微酸，但果肉很少，且幾乎都是種子。可鮮食、製果醬、榨果汁，或加入鳳梨汁、橘子汁調味。樹形小、生長慢而終年常綠，適宜種於庭園觀賞。葉片、果實晒乾可煮成青草茶，能幫助排便，葉子搗爛外敷可緩解外傷腫痛。

　　草莓番石榴另有成熟時果皮為黃色者，又稱為檸檬番石榴（Lemon Guava）。

　　在美國佛州、夏威夷、模里西斯等地，草莓番石榴不但歸化，並經由鳥、野豬傳播繁衍形成茂林，被視為改變原來棲地的入侵植物；在留尼旺島則是當地人喜歡的水果。

果徑2.5至4公分，在台灣很少全部轉紅。

萼片宿存。

漿果球形，果肉少。

種子多數。

· **識別重點**　常綠小喬木，高2至8公尺，樹皮光滑或片狀剝落。單葉，對生，革質，全緣，表面暗綠，背面黃綠或淡綠，兩面光滑無毛。花單生於新梢葉腋，5瓣，雄蕊約250枚。漿果，球形，成熟時紅色或黃色。種子18至40粒。

· **別名**　榕仔拔、榕樹芭樂、中國番石榴。

· **英文名**　Strawberry Guava、Cattey、Chinese Guava。

葉長4至7公分，似榕樹葉。

兩面光滑無毛。

果型圓而小。

花單生於新梢葉腋，雄蕊約250枚。

草莓番石榴結果。

蒲桃屬	*Syzygium cumini*	產期 7～10月 花期 4～9月	零星栽培供觀賞

肯氏蒲桃

　　原產於印度、斯里蘭卡、馬來半島至澳洲北部，中國海南、廣東、東南亞、夏威夷、中南美洲、非洲等熱帶地區有栽培，可當作果樹或木材使用。日治時期引進台灣，由英名Jambolan音譯為「菫寶蓮」，各地零星可見，為美麗的校園樹、行道樹或遮蔭樹。果實小，種子大，果肉有澀味，發酵後產生酒精，有時會讓貪吃的小鳥酒醉。生食並不可口，被輾壓的落果不但染紅了路面，也經常令機車騎士摔倒，成為「落果怪樹」，管理單位往往順應民情將它攔腰截斷，非常可惜。

　　肯氏蒲桃有不少妙用：葉片可蒸餾精油，花蜜可養蜂，紫色的果汁能染布，果實去皮去澀能作果醬、果凍、釀酒、製醋。台南海事學校已發揮創意，將它變身成冰淇淋、養生湯、水果沙拉、涼拌小菜、餡餅料理或伴手禮。富含花青素，具抗氧化能力，可開發成保健食品。目前北、中、南都有社區發起愛樹運動，收集落果加工利用，甚至推動「肯氏蒲桃嘉年華會」。

　　在印尼爪哇、菲律賓，肯氏蒲桃已被選育出優良的栽培品種，果實大如雞蛋，並有無籽品種，台灣並未引進。

成熟的漿果黑紫色，長1.5至2.5公分，果皮光滑。

- ·**識別重點** 常綠喬木，高可達十餘公尺，樹徑可將近1公尺，枝條常下垂。單葉，對生，長橢圓形，長18至20公分。圓錐花序，花4瓣容易脫落，白色雄蕊百餘枚。漿果，長球形略歪斜，種子1粒。
- ·**別名** 董寶蓮、海南蒲桃。
- ·**英文名** Jambolan、 Java-Plum、Duhat、Jambolanplum。

凹陷的花盤黃色，內有雌蕊1枚，外層為白色雄蕊。

嫩葉紅褐色。

葉片對生。

嫩枝和葉柄紅色。

列植成排的肯氏蒲桃。

蒲桃屬	*Syzygium jambos*	產期　4～7月 花期　3～5月	中南部零星栽培

蒲桃

　　蒲桃和蓮霧為同屬的近源植物，原產於印度、馬來西亞與中國海南，常生長於河岸或河谷溼地，中國華南、東南亞、琉球群島、澳大利亞、夏威夷、美國佛州、西印度群島也有栽培。

　　可能在明鄭時期即引進台灣，是許多鄉下人家記憶中的野果。果形比蓮霧小，成熟時乳黃色或微帶粉紅色，果肉薄而中空，水分少，帶玫瑰香氣，俗稱「香果」，但不夠甜，風味不及蓮霧，至今栽培不多，但不少公園、校園當作觀賞樹，偶有逸化野生。

　　在國外，蒲桃也用來製作乾片、果糕、蜜餞、果汁、釀酒。種子提取液似乎具有降血糖的效果，已有醫學單位進行相關研究中。

成熟、發育中與初授粉的蒲桃，成熟期不一致。

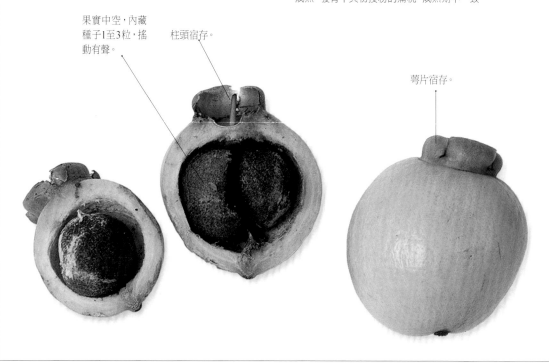

果實中空，內藏種子1至3粒，搖動有聲。

柱頭宿存。

萼片宿存。

- **識別重點**　常綠小喬木，單葉，對生，革質，全緣，長橢圓狀披針形，光滑無毛。繖房花序，2至6朵成簇生於小枝頂端，芳香，4瓣，淡黃綠色或綠白色，雄蕊多數。果實球形或卵形，直徑3至5公分，淡黃白色略帶紅暈，種子1至3粒。
- **別名**　香果、風鼓、水石榴。
- **英文名**　Rose Apple。

蒲桃的葉片全緣，
長橢圓狀披針形，
光滑無毛。

花朵潔白似粉撲，雄蕊數極多。

蒲桃屬	*Syzygium malaccense*	產期　6～8月、12～4月 花期　9～11月、4～6月	南部零星栽培觀賞

馬來蓮霧

　　原產於馬來西亞，為蓮霧的同屬植物，引進夏威夷已有千年以上的歷史，太平洋島嶼、東南亞、印度、斯里蘭卡、西印度群島有栽培，尤以夏威夷最多，菲律賓另有無籽品種。為桃金孃科主要的栽培果樹之一，日治時代引進台灣。

　　台北植物園有1株，植株高大，但筆者不曾觀察到它開花。嘉義農試所亦有成齡樹，但開花期不甚固定，結果數不多。台南南元花園休閒農場亦有種植，但未經改良，口感不佳。果肉白色，微甜而酸，具香氣，甜度不及黑珍珠蓮霧。若經肥培及修剪管理應可提高品質，並可嘗試從國外引進優良品種。

　　馬來蓮霧最令人期待的應該是花朵，其花瓣、花絲為桃紅色或鮮紅色，極具觀賞價值。果實似蓮霧，因品種不同，有或無深色條紋，可鮮食、製果醬或釀酒。播種、壓條、扦插、嫁接繁殖均可，南部冬天溫暖的地區可推廣為校園、庭園觀賞樹與誘鳥樹。

泰國曼谷Or Tor Kor Market果菜市場。左：馬來蓮霧　右：蓮霧。

果肉海綿質。

種子1至2粒。

泰國曼谷的馬來蓮霧。

花開於小枝或老枝。

- **識別重點** 常綠喬木，高5至15公尺。單葉，對生，闊橢圓形，長18至45公分，寬12至21公分，全緣，兩面光滑。聚繖花序，5至16朵簇生於小枝，花梗極短。直徑約2.5公分，雄蕊多達300枚，桃紅色或鮮紅色。漿果，果肉海綿質。種子1至2粒。
- **別名** 馬來蒲桃、麻六甲蒲桃。
- **英文名** Malay Apple、Mountain Apple、Largefruited Rose-apple。

葉片闊橢圓形，平滑無毛。

萼片綠色，花瓣、花絲為桃紅色或鮮紅色，具觀賞價值。

馬來蓮霧結果（泰國曼谷）。

蒲桃屬	*Syzygium samarangense*	產期　5～9月，產期調節 10～5月 花期　2～7月	屏東縣 （超過 2,300 公頃）。

蓮霧

　　原產於馬來西亞，中國南部、東南亞也有栽培，歐美各國多半當成觀賞植物種植。荷治時期引進台灣，以屏東縣栽培面積占全台78%為最多。

　　自然產期為夏季，因病蟲危害品質不佳。高屏地區的果農以修剪、刻皮、斷根、遮光、浸水、藥劑與施肥等方法「催花」，可生產果形大、色澤暗紅、甜度高的冬季果。嘉義也有農民應用設施栽培，掌握溫度及整枝技術，成功推出甜度高、有香氣的夏季果實。台灣的蓮霧年產值約31億元，品質好口感佳，向來為友邦所推崇，並外銷中國、東南亞、加拿大。目前中國福建也學習國內研發的栽培技術，產品供不應求。

　　蓮霧的品種很多，國人熟悉的黑珍珠、黑鑽石、黑金剛等均屬於粉紅色系「南洋種」。依成熟果皮顏色尚有青綠色種、白色種但栽培不多。2000年才從泰國、印尼等引進的子彈型、巴掌型蓮霧因為單價高，栽培面積逐漸增加。

　　蓮霧也可以鹽漬、糖漬、製罐頭、蜜餞、果汁或釀酒，但都不常見。

青綠色種又稱為二十世紀蓮霧，產期5至7月。

喜歡肥沃、微鹼且能浸水的土質，矮化栽培的樹型易於管理。

冬天的蓮霧大多無種子。

萼片宿存。

果肉海綿質。

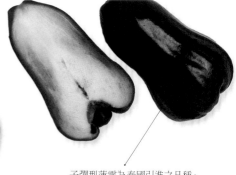
子彈型蓮霧為泰國引進之品種。

· **識別重點** 常綠小喬木，常修剪成3至
4公尺高。單葉，對生，全緣，兩面光
滑。聚繖花序，2至3朵或更多朵著生
於嫩枝頂端、葉腋或枝幹。芳香，雄
蕊多達400枚，白色。漿果，果肉海綿
質，果頂有4枚宿存萼片。種子1至2
粒，冬季低溫常無籽。

· **別名** 南無、輦霧、爪哇蒲桃、大蒲桃、
洋蒲桃、金山蒲桃。

· **英文名** Wax Apple、Wax Jumbo、
Java Apple。

葉片對生。

聚繖花序。

泰國曼谷的蓮霧。

白色種蓮霧，主產於台南新市一帶，產期6至　黑珍珠蓮霧，套袋可確保品質。　　蓮霧開花，雄蕊多達400枚。
7月。

| 1. 斐濟果屬
2.3. 巴西蒲桃屬
4. 番石榴屬 | 1.鳳梨番石榴：*Feijoa sellowiana*
2.稜果蒲桃：*Eugenia uniflora*
3.單子蒲桃：*Eugenia pitanga*
4.香拔：*Psidium odorata* | 產期　10～12月
花期　4～7月 | 零星栽培觀賞 |

鳳梨番石榴與同科水果

　　鳳梨番石榴原產於巴西、巴拉圭與烏拉圭，植株稍具耐冷性，溫帶國家如美國加州、日本、紐西蘭、澳大利亞也有引進。中名「費翹」由屬名*Feijoa*音譯而來，但不如「鳳梨番石榴」親切好記。植株不如番石榴耐熱，在台灣相當少見。

　　春末開花，混植不同的品種並配合人工授粉可提高著果率。果型比「珍珠拔」小，果面有白色短絨，成熟後易落果，後熟軟化即散發香氣。果肉乳白色，橫切面果心略似「卐」形，也稱為「納粹瓜」，可用湯匙挖取食用，吃法類似奇異果。具有鳳梨、香蕉的綜合風味，果凍般的口感，愈接近果皮酸度愈高，可生吃、製果醬、果汁、果泥、果酒，為溫帶國家頗受歡迎的水果。

　　桃金孃科果樹尚有很多，早期引進的還有以下幾種：

　　稜果蒲桃：果型略扁也稱為「扁櫻桃」。成熟時紅或橘黃色，味道酸溜溜，可製果醬、釀酒，並當作庭園觀賞樹，常修剪成不同造型，嫩葉偏紅可供觀賞。

　　單子蒲桃：花朵1至2朵開於葉腋，種子1顆，故名。成熟時鮮紅色，味道較澀，至今栽培不多。

　　香拔：和番石榴同屬，因植株、葉片、果實均小，也稱為「迷你番石榴」。成熟時香脆可口，但果肉不多，可食用兼觀賞。台東一帶有栽培，取其葉片製成「香拔仔茶」。

鳳梨番石榴結果（日本京都）。

英國倫敦波若市場的鳳梨番石榴。

鳳梨番石榴開花。

· **識別重點**　鳳梨番石榴為常綠性灌木，高1至3
公尺。單葉，對生，全緣，長橢圓形，表面濃綠
色，葉背銀綠色密布短毛。花朵單生於葉腋，
5瓣，內面紫紅色，外面粉白色，雄蕊花絲鮮紅
色。果實長橢圓形，種子多數。

· **別名**　費翹、納粹瓜。

· **英文名**　Feijoa、Pineapple Guava。

稜果蒲桃的葉
片對生。

稜果蒲桃果面有
8個稜，故名，原
產於巴西。

香拔結果，果徑1至2公分，果肉不多。

單子蒲桃開花，4瓣，白色。又名「薛頓茄」。

香拔的花朵白色，似縮小版的番石榴。

單子蒲桃原產於南美洲，果實直徑小於1.5公分。

油橄欖屬	*Olea europaea*	產期　9～10月 花期　3～4月	台灣甚少栽培

油橄欖

　　原產於小亞細亞，為地中海沿岸代表性作物，自古即有重要的經濟價值，地中海周邊的以色列、葡萄牙、賽普勒斯都以它為國花。西班牙為最大產地，義大利、希臘、土耳其亦為著名產區，南、北半球溫帶國家多有經濟栽培，一般住家亦常種成盆栽供觀賞。

　　喜歡夏乾冬濕的氣候，混植不同的品種有利於授粉與結果。台灣因為夏天潮濕多雨日照短，冬季低溫不足，不利於花芽分化，成齡樹不易開花，至今栽培極少。2011年4月台北花博寰宇庭園區希臘館展示了十餘棵希臘引進的油橄欖，1公尺高的小樹苗開出許多小白花，5月初果實達綠豆大小，可惜小樹苗後來已移走，無法觀察後續的生長適應狀況。

　　依品種不同，果實可醃漬、發酵後食用，但仍以榨油為主，可多次壓榨以提高產量，但以第一次壓榨品質最佳，為高級食用油，古時候並用來點燈。在西班牙，一棵樹至少可採收35公斤的果實，榨取5公升的橄欖油（Olive oil）。葉片可萃取抗氧化成分，並開發成化妝水、乳液、乳霜、面膜等保養品。枝葉為和平的象徵，並編織奧運金牌選手的頭冠。

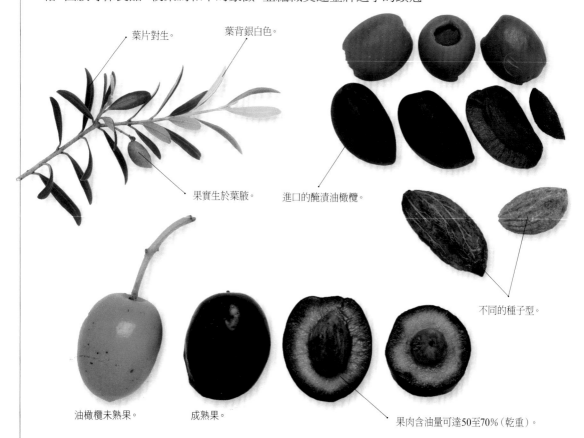

葉片對生。

葉背銀白色。

果實生於葉腋。

進口的醃漬油橄欖。

不同的種子型。

油橄欖未熟果。

成熟果。

果肉含油量可達50至70%（乾重）。

複總狀花序，花徑5至7公釐，有香氣。

油橄欖開花，複總狀花序。

紐西蘭北島的油橄欖園。

· **識別重點**　常綠小喬木，單葉，對生，長3至7公分，葉表濃綠色，葉背銀白色。複總狀花序，花4瓣，白色。核果，未熟果綠色，成熟紫黑色。種子1粒。

· **別名**　齊墩果、阿列布、洋橄欖、歐洲橄欖。

· **英文名**　Olive。

入秋的油橄欖，適合鹽漬（日本東京）。

成熟的油橄欖，適合榨油（日本東京）。

楊桃屬	*Averrhoa bilimbi*	產期　4～12月 花期　3～9月	南部零星栽培

木胡瓜

　　果實形似小型的胡瓜而得名，和楊桃為同一屬的親緣植物。原產於印尼摩鹿加群島，以東南亞、印度、斯里蘭卡、孟加拉栽培較多。

　　日治時期自印度加爾各答引進，由於果肉極酸，極少生食，至今僅南部零星栽培。果實成串，成熟期並不一致，花謝後約1個月即可分批採收，此時脆度較佳醃漬口感較好；過熟的果實則開始軟化。可加糖、鹽醃漬成蜜餞，夾在土司麵包中成三明治；或製作果醬、調製清涼飲料；或與魚、肉共煮，並可取代烏梅當作開胃菜、剉冰的淋汁。

　　木胡瓜和楊桃的果肉中都含有較多的草酸，吃多了會使身體缺鈣或引起腎結石，腎臟功能不好的人不宜多食。

　　屬於熱帶幹花植物，花姿、葉型、果實都頗具特色，植株較楊桃怕冷，適合中南部庭園觀賞性栽培。

邊開花邊結果，果實成串，成熟期不一致。

木胡瓜於樹幹著果。

果肉味酸，適合糖漬。

果面有5個不明顯的稜。

- **識別重點**　常綠喬木，高4至10公尺。羽狀複葉，小葉11至45枚，互生，葉形較楊桃長而尖。聚繖花序，開於老幹或樹枝。花5瓣，紫紅色。漿果，長4至8公分，果面有5個稜但不明顯。種子扁平。

- **別名**　長葉五斂子、黃瓜樹、毛葉楊桃、長葉楊桃、多葉高酸楊桃、胡瓜樹。

- **英文名**　Cucumber Tree、Bilimbi、Bilimbing

羽狀複葉，小葉葉形長而尖。

果實長約4至8公分。

果皮黃色的木胡瓜品種（新加坡）。

木胡瓜的葉形、樹姿具觀賞價值。

木胡瓜幹生花與幼果。

楊桃屬	*Averrhoa carambola*	產期 全年均有，7～9月及12～3月盛產 花期 全年	台南縣、彰化縣 （以上為超過200公頃）。

楊桃

　　可能原產於馬來半島一帶，漢朝時中國南方即已引進，東南亞、印度、澳大利亞、關島、夏威夷、巴西、美國佛州亦有栽培。喜高溫多濕，中南部低海拔無霜地區適合栽種，以台南市楠西區栽培面積占全台43%為最大。

　　概分為酸、甜兩型。酸味型花色濃紫，果實成熟深黃色，極酸，適合蜜漬、鹽漬發酵成楊桃汁，現今栽培不多。甜味型花色較淡，果實香甜多汁，為主要的栽培種，重要品種如秤錘（果皮金黃色，耐冷藏，外銷主力品種之一）、馬來西亞（果皮橘紅色，不耐冷藏）、紅龍（果皮橘紅色，外銷漸多）等。混栽不同的品種可提高著果率，網室栽培則應放養蜜蜂協助傳粉。花朵數量很多，疏果及套袋可確保品質。一年可採收2次以上，以冬天的楊桃最為好吃。

　　富含醣類、維生素C、礦物質。草酸主要位於果稜，未熟果的含量尤其豐富，腎功能病患宜忌口。切片可做盤飾、沙拉材料，綠熟果可入菜，也能加工製罐、果醬、果膏、釀酒、製醋、入藥。鮮果可外銷香港、美國、中國、加拿大與新加坡。

楊桃結果於分枝或主幹。

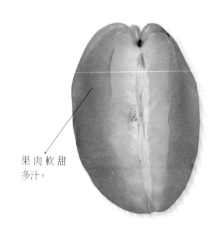
果肉軟甜多汁。

橫切呈星形，又名星星果。

- **識別重點** 常綠灌木或小喬木，高2至7公尺，小枝、葉柄及花梗紫色。奇數羽狀複葉，小葉7至11枚居多，全緣，夜間閉合。圓錐花序，花5瓣，紫粉紅色，分為長柱頭、短柱頭二型。漿果，5稜，橫切面呈星形，果肉酸甜多汁。種子扁平，3至25粒。
- **別名** 五斂子、五稜子、星星果。
- **英文名** Carambola、Star Fruit。

花開放於樹幹、老枝或新枝的葉腋。

果面有五稜，自古稱為五斂子。

子房具五個稜，發育為幼果。

羽狀複葉，小葉7至11枚居多，全緣。

西番蓮屬	*Passiflora edulis*	產期	紫百香果：2～8月；黃百香果：7～2月； 台農1號：5～1月	南投縣 （超過550公頃）。
		花期	紫百香果：12～6月；黃百香果：5～12月； 台農1號：3～11月	

百香果

　　原產於巴西，發現新大陸後引進歐洲，新幾內亞、澳洲、紐西蘭、斐濟、夏威夷、南非、哥倫比亞、委內瑞拉等都有栽培。日治時代引進台灣，最初的「紫色種」果實紫黑色，耐寒性較強，之後逸化野生於中低海拔山區林緣，成為可口的野果。

　　紫色種果實小汁液少，糖度、酸度都低，僅適合鮮食，後來被夏威夷引進的「黃百香果」取代。成熟時鮮黃色，果實大產量高，切開後汁液四流，香氣濃郁，檸檬酸含量多，適合加工成濃縮果汁，當年外銷夏威夷後再製成罐頭供越戰美軍飲用。

　　黃百香果必須人工輔助授粉才容易結果，耗費人力，後來被鳳山園藝所雜交育成的「台農1號」取代，成為台灣的主流品種。不須人工授粉，成熟時紫紅色，果形大，產量居中，味道酸甜。以南投縣埔里鎮栽種最多，產量超過全台74%。近年來也有業者自行推廣新品種的百香果，但尚不普遍。

　　以果皮轉色皺縮、自然成熟掉落的果汁含量最多、香味最濃，可張網收集或地上撿拾。適合鮮食，或製果汁、果醬、果凍、果子露、冰淇淋、冰沙、果酒，有「果汁之王」的美稱。

台農1號百香果，成熟時紫紅色。

滿天星百香果為新流行的品種

黃百香果汁液較多

台農一號百香果，最為常見。

· **識別重點** 多年生常綠藤本，全株光
滑無毛，卷鬚與葉對生，不分岔。單
葉，互生，3裂，鋸齒緣。花朵基部的
苞葉鋸齒狀，花萼、花瓣各5枚，白
色。絲狀的副冠基部紫色，先端白
色。雄蕊5枚，雌蕊柱頭3岔。漿果，橢
圓形，成熟時紫或黃色。種子黑色，
黃色假種皮酸甜多汁。

· **別名** 果物時計草、食用西番蓮、西番
蓮、西番果、雞蛋果。

· **英文名** Passion Fruit、Granadilla。

不同種類的百香果，花色鮮紅，以觀賞為主。

葉片掌狀3裂。

葉基有一對腺體。

成熟轉色中的百香果。

花形像時鐘，也稱為「時計草」，絲狀副花冠具吸引昆蟲的功效。

黃百香果於豐原一帶有少量栽培，7至2月果熟。

西番蓮屬	*Passiflora ligulariss*	產期　4～6月為主 花期　12～6月	嘉義梅山、阿里山。

甜百香果

　　在嘉義縣大阿里山地區（瑞里、瑞峰、太和、奮起湖、特富野一帶），有一種攀爬在棚架、電線桿、樹梢開花結果的水果，乍看似百香果，果實藍綠色，成熟果橘色，葉片呈心形，這就是俗稱「梅山蜜果」的甜百香果。

　　原產於南美洲北部安地斯山脈，屬於熱帶高原植物，南美洲、南非、肯亞、印尼山區也有引進栽培。台灣的種源可能是來自印尼，適合生長在海拔900公尺以上涼爽環境，雖然是瑞里一帶的特產，在當地並無共通的名字，現場訪查時甚難溝通，栽培也不多。經由一位婆婆的指引，我來到她的果園。婆婆說：「很甜，孫子很愛吃，昨天剛採了一袋帶回台南，剩下幾顆自己摘要小心。」我留一些給婆婆，幾顆剖開試吃：果肉（假種皮）香香的，甜而不酸，可以連籽一起吞食，風味獨特。

花朵基部的苞葉全緣。

　　甜百香果的汁液較少，不適合打成果汁，僅適合鮮食，產量不高，山區交通不便又限制它的行銷，栽培面積有減少的趨勢。耐熱性較差，平地栽培不易結果。在國外，甜百香果的風味很受推崇，有人稱它為同屬中第一。本屬的水果尚有五、六十種可供食用，大多酸味強風味佳，具有栽培推廣的潛力。

未熟果藍綠色，白色斑點十分明顯。

成熟果橘色。

果汁少，切開後不
會汁液橫流。

・**識別重點** 多年生常綠藤本，全株光滑無毛，卷鬚與葉對生，不分岔。單葉，互生，心形，全緣。花朵基部的苞葉全緣，花萼、花瓣各5枚，白色。絲狀副冠紫色、白色相間。雄蕊5枚，雌蕊柱頭3岔。漿果，密布白點，成熟時橘色。種子黑色，外層有白色透明假種皮。

・**別名** 甜西番果、印尼百香果、峇里島百香果、梅山蜜果。

・**英文名** Sweet Granadilla。

葉片心形。

腺體3對，長約8公釐。

葉柄長5至6公分。

花萼、花瓣各5枚，白色。副冠紫白相間。雄蕊5枚，雌蕊柱頭3岔。

拉鐵絲網供攀爬固定。

松屬	*Pinus koraiensis*	產期　9～10月為主 花期　4～5月	台灣無栽培

松子

全世界有八十多種松樹，其中十餘種的種子較大、食味較美，通稱為「松子」，故種類因產地而異。南歐原產的以義大利石松（*Pinus pinea*）為主，種子可生食、炒食、醃食、製作義大利麵青醬。北美洲原生的單針松（*Pinus monophylla*）、洛磯山核果松的松子亦被人食用。

國人熟知的松子為紅松（*Pinus koraiensis*）的種子，紅松又名果松、海松、朝鮮五葉松，主產於韓國、中國東北、日本中部。春天開花，第二年初秋採果，晒乾後果鱗張開，內藏80至100顆種子，採果過遲松子即散落。

種子有殼，無翅，去殼後即可食用，略呈三角形，含油量（可達78%）較歐美的松子高，所以風味最優，富含磷、鋅等成分，相傳一日三服，百日則身輕，久服似神仙。亦可榨油。台灣的松子幾乎都由大陸進口，年需求量達250公噸。

台灣有4種原生的松樹，僅台灣華山松（*Pinus mastersiana*）的種子較大可供食用。木材可用於建築、製材、採松脂，松脂可製松節油或松香，並能入藥。台灣五葉松（*Pinus morrisonicola*）為台灣特有種，其葉子含葉綠素、維生素A、C，可浸酒、醋，具良好的抗氧化能力與酵素活性抑制力。

義大利石松，為南歐地中海沿岸常見松樹。

台灣五葉松，葉長6至8公分。

種子無翅。

種子無翅。

紅松。　義大利石松。

紅松的種子，食用的口感最佳。

有殼。

去殼後的海松子，為著名中藥與烹飪食材。

日本青森縣的紅松結果。

· **識別重點** 常綠性針葉喬木，高10至35公尺，小枝輪生，葉針狀，5葉一束。雄球花穗狀，開於幼枝基部，雌球花單一或數個簇生於枝梢或側生。毬果鳳梨狀，果鱗成熟後木質化，乾裂，種子長約1.5公分，無翅而有殼。

· **別名** 海松、新羅松子。

· **英文名** Pine Nut、Pignolias。

剛發芽的紅松。

原產於中國的華山松（*Pinus armandii*），松子也可以食用（英國倫敦）。

台灣華山松的種子無翅，去殼後可供食用。

紅松的毬果，長可達17公分。

果鱗就中有種子1至2粒。

澳洲胡桃屬	*Macadamia ternifolia* var. *integrifolia*	產期　8～10月 花期　2～4月	嘉義農場

澳洲胡桃

　　原產於澳大利亞昆士蘭州東北部，為當地原住民喜食的堅果。一百多年前引進夏威夷，生長適應良好並發展成重要果樹，加工品外銷世界各地，俗稱為「夏威夷豆」。營養價值高，市場需求量大。目前以澳大利亞產量最大，美國佛州與加州、中南美洲、以色列、東南亞、中國華南、南非、東非栽培愈來愈多。

　　日治時代從新加坡引進台灣，試種於台北植物園，士林官邸果樹區也有栽培，但極少結果，中南部零星可見，曾文水庫旁的嘉義農場為國內最大產地，為該農場之名產。

　　花朵3月盛開，有不愉快之氣味。9月果實成熟裂開種子掉落，囓齒動物經常咬破硬殼取食裡面的種仁。在國外已應用機械採收，利用機具震動方式打果，收集後送到工廠烘乾、打裂。果仁風味清淡，口感細緻，種仁完整的可製罐頭，破碎的可添加於巧克力、蛋糕、冰淇淋。澳洲胡桃的枝條易受颱風吹斷，在台灣推廣並未成功，所需果仁皆靠進口。

總狀花序下垂狀，花朵100至200枚。

清脆可口、營養豐富的果仁。

成熟果自腹縫裂開。

種殼厚而硬。

葉片3枚輪生，葉緣波浪狀並帶刺。

- **識別重點** 常綠小喬木，高3至6公尺。單葉，3枚輪生，長11至30公分，硬革質，葉緣波浪狀並帶刺。總狀花序下垂狀，花被4裂，雌蕊較長。花被反卷，乳白色或帶粉紅色。堅果，成熟後每串僅1至5果，果皮厚。種子1粒圓球形，偶爾2粒呈半球形。
- **別名** 夏威夷豆、夏威夷火山豆、澳洲栗、澳洲堅果、昆士蘭堅果。
- **英文名** Macadamia、Macadmia Nut 、Australia Nut 、Queensland Nut。

| 板栗 | 歐洲榛 | 銀杏 | 開心果 | 腰果 | 澳洲胡桃 | 核桃 | 美洲核桃 | 山胡桃 |

▲幾種進口的堅果。

雌蕊較長，花被反卷。

左巴旦杏油、中酪梨油、右澳洲胡桃油（美國西雅圖）。

美國進口的澳洲胡桃。

成熟落地的澳洲胡桃。

堅果成串下垂狀，易生理落果。

| 安石榴屬 | *Punica granatm* | 產期　7～10月
花期　3～4月、9～10月 | 零星栽培食用兼觀賞 |

安石榴

　　原產於伊朗乾旱地區，南歐、北非到中亞一帶栽培歷史悠久。果色鮮紅，籽粒晶瑩如寶石，酸甜多汁，當地人常攜帶它作為出門遠行的水分和營養來源。張騫出使西域時引入中國。

　　早年由先民引進台灣，全省零星栽培，依果色分為黃皮的蜜榴、紅皮的柴榴、白皮的白榴，但果實都不大，以觀賞為主。

　　大果型安石榴品種盛產於美國加州、中國、中東、地中海週邊等灌溉排水良好之地，據說以伊朗產的品質最好，產量以印度最大，伊朗次之。外種皮酸甜多汁，滋味極佳且富含花青素、抗氧化物，除供鮮食，亦可釀酒、榨汁，在缺乏砂糖的古代，熬煮成濃稠果汁後可當作糖漿用於調味。石榴汁也能當作墨汁、染料。

　　台灣的安石榴鮮果都是國外進口，以美國加州為主，園藝業者也有引進優良的大果型或無籽型品種苗木推廣，喜歡安石榴者不妨自行栽培食用兼觀賞。

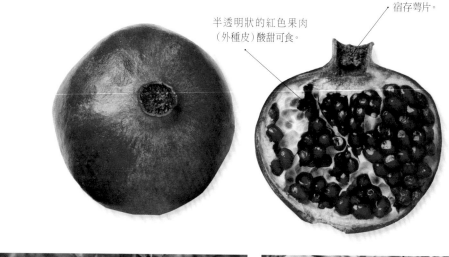

半透明狀的紅色果肉（外種皮）酸甜可食。

宿存萼片。

兩性花，花瓣皺縮狀，雄蕊黃色。

開花後約120天果實成熟。

- **識別重點** 落葉灌木，高1至5公尺。小枝方形，有刺。單葉，對生或簇生，光滑無毛。兩性花，5至8瓣皺縮狀。花萼肥厚，5至8裂。漿果，果頂有宿存的萼片，果肉分隔成許多室，種子多數。
- **別名** 石榴、謝榴、若榴、安熟榴。
- **英文名** Pomegranata。

枝條、葉片均對生。

枝條末端
常有刺。

萼片5至8裂。

安石榴果汁（美國西雅圖）。

重瓣石榴開花後不結果。

白花石榴，觀賞為主。

枳椇屬	*Hovenia dulcis*	產期 10〜12月 花期 5〜6月	零星栽培觀賞

枳椇

　　原產於尼泊爾、中國華南、華中至華北、韓國、日本，自古即為重要的乾果。引進台灣後試種於東勢林場、溪頭、瑞里、嘉義農試所等地，生長情形良好。台北植物園也有種植，雖有開花但結果量不多。

　　一般果樹都是食用果肉，枳椇（音己莒）則是食用「果梗」，由花梗增大而成。未熟的果梗綠色，味澀，秋涼後轉褐色，肥如小雞腳又名「雞距子、雞爪梨」，因葡萄糖、果糖累積而變甜，味道似日本梨。可鮮食、釀酒、製醋或熬糖，但台灣平地栽培多半甜度不足。晒乾後可入藥，有補血、止渴、利便等效，並能降低血液中酒精的濃度，自古即為著名的解酒藥。葉片的功效類似，落入酒中據說能讓「酒化為水」。並能消除過多的脂肪，讓體態健美輕盈。在韓國已開發萃取製成保肝藥，稱為「保肝靈」。

　　相傳小鳥喜歡啄食枳椇而在樹枝上築巢，故有「枳句（枳椇）來巢，空穴來風」的成語。材質堅硬，可製器物、家具。樹形挺直而優美，歐美紐澳等國引進後常當作景觀樹木。

果實，成熟3裂。

形狀扭曲的果梗，為食用部位。

果梗由花梗增大而成。

種子深咖啡色。

果梗肉質，具甜味。

葉片互生，鋸齒緣。

- **識別重點** 落葉喬木,高6至20公尺,樹幹挺直,樹皮具縱裂紋。葉片互生,闊卵形,先端銳尖,葉緣鋸齒狀。聚繖花序開於枝稍、葉腋,花白色,5瓣。核果球形,直徑約0.6公分,果梗肉質。種子3粒,硬而有光澤。
- **別名** 雞爪梨、雞距子、拐棗、枳椇、椇、棋。
- **英文名** Raisin Tree、Japanese Raisin Tree、Hony Tree。

葉形略似桑葉,但無缺裂且葉緣鋸齒較小。

春末至初夏開花,白色。

發育中尚未肥大的果梗,綠色。

成熟的果梗形似雞爪,易折斷。

棗屬	*Zizyphus jujuba*	產期 7～8月 花期 4～7月	苗栗縣公館鄉

紅棗

　　原產於中國北部，古稱為「棗」，自古即為重要之經濟果樹，產量居世界第一。韓國、日本、印度、巴基斯坦、阿富汗、泰國、蘇聯、美國、歐洲亦有引進，但經濟栽培都不多。

　　品種有500個以上，小果品種重3至6公克，大果品種重約60公克，與一顆雞蛋相當。有些適合鮮食，有的適合乾製，或製作蜜棗，也有專作烏棗的品種。烏棗是鮮果加入棉子油、松煙水共煮，晒乾後再用炭火燻烤而成黑色，也稱「黑棗」，功效和紅棗相似，滋補作用則較好。台灣中藥材所需的紅棗、烏棗均靠中國大陸進口，年進口量約2,700公噸及1,000公噸。

　　紅棗於清末引進台灣，苗栗縣公館鄉有專業栽培，年產量約90萬公斤。每年7至8月，當地的觀光紅棗園陸續開放採果，鮮食的口感略似青蘋果，部分果實則晒或烘成「紅棗乾」。

　　亦可製成棗泥、棗糕、棗酒，或做成果汁、果茶，或入菜、燉湯。木質堅硬細緻，可製成工藝品及農具。

果實短圓形的紅棗品種。

主脈三出。

結果於葉腋。

葉端較尖。

- **識別重點** 落葉小喬木，枝上有托葉演變而成的銳刺。根群淺而廣，地面處易分蘖萌芽形成新苗，可分株繁殖。單葉，互生，三出脈，葉緣鋸齒狀，葉背無白毛。聚繖花序，生於葉腋，5瓣，黃白色。核果，種子1粒。
- **別名** 棗、大棗、中國棗。
- **英文名** Jujube、Chinese Jujube、Chinese Date、Common Jujube。

春季開花，5瓣，黃白色。

燻製後的烏棗（黑棗）。

晒乾的紅棗。

果核堅硬。

新鮮紅棗。

一端銳尖。

苗栗公館的觀光紅棗園，可供遊客採果。

樹上成熟轉色的紅棗（日本東京）。

棗屬	*Zizyphus mauritiana*	產期 10～3月，12～3月盛產 花期 7～11月	屏東縣高樹鄉、高雄市燕巢區 （以上為超過300公頃）。

印度棗

　　原產於印度、斯里蘭卡、中國雲南一帶，為印度重要果樹之一，泰國、東南亞、中國華南、澳洲昆士蘭、奈及利亞、敘利亞、西印度群島也有栽培。枝條有刺可纏繞成畜欄，木材可製農具或薪炭，花朵為良好的蜜源。

　　性喜溫暖，南部冬乾環境適宜生長，屏東高樹、高雄燕巢為最大產地。由於實生變異與芽條變異的機率比較高，新品種相對比較容易發生。拉設棚架有助於枝條開展降低風害，網室栽培或套袋可減少蟲害與農藥的使用。混植授粉品種並放養蜜蜂可幫助授粉。

花朵黃白色，8至26枚開成一簇，有特殊氣味。

自然產期為冬季，若於早春強剪促使萌發新枝或嫁接，配合夏天夜間燈照，可促進提前開花而在秋天收穫。適量的疏果能讓果實碩大糖度提高，品質更佳。

　　為冬季很受歡迎的水果，並外銷中國、東南亞、加拿大、日本，有「台灣青蘋果」的美稱，年產值約11億元，少數並蜜煉加工成蜜餞或乾果。

口感甜脆，冬季盛產。

· **識別重點** 半落葉性喬木，高3至10公尺，枝條葉腋處有刺。單葉，互生，主脈三出，表面光滑，葉背有白色短毛。聚繖花序，8至26枚一簇，5瓣，黃白色。核果，熟時黃或黃綠色。

· **別名** 棗子、蜜棗、滇刺棗、毛葉棗、緬棗。

· **英文名** Indian Jujube。

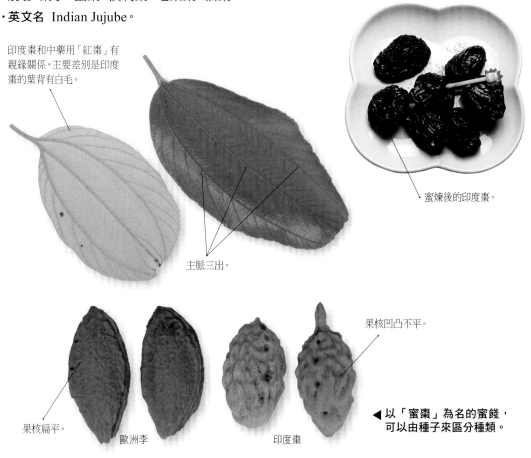

印度棗和中藥用「紅棗」有親緣關係，主要差別是印度棗的葉背有白毛。

主脈三出。

蜜煉後的印度棗。

果核凹凸不平。

果核扁平。

歐洲李

印度棗

◀ 以「蜜棗」為名的蜜餞，可以由種子來區分種類。

印度棗結果，每1葉腋留1果。

網室中栽培的印度棗結果。

| 山楂屬 | *Crataegus pinnatifida* | 產期 9～11 月
花期 4～5 月 | 福壽山農場觀賞用 |

山楂

　　山楂屬的植物約有200種，廣泛分布於北半球溫帶地區，自古即為歐洲、北美洲、中國食療兼備的果樹。白花紅果，為著名觀賞花木，園藝品種不少。其中的「山楂」原產於中國、韓國與西伯利亞，以中國栽培最多，華北與東北常見。

　　春末開花，為薔薇科果樹中開花期較晚的一種。果實秋末成熟，具有一粒粒的斑點，像紅色版的鳥梨。富含維生素C、B$_2$、鈣、胡蘿蔔素。鮮食味酸微甜，可加工成糖葫蘆、山楂餅、山楂糕、蜜餞、糖果、乾片，或榨汁、釀酒。果實、葉片晒乾可入藥，能幫助消化、促進小兒食欲、增強免疫力、降低血壓和膽固醇。愛美的女性多吃山楂能消除體脂肪，達到瘦身養顏的效果。

　　偏好冷涼，冬季須有足夠的低溫打破休眠才能正常生育，台灣並無生產，中藥材主要產自河南、山東、河北。福壽山農場曾試種山楂，目前僅剩一種，有興趣的讀者可前往觀察。

結果滿枝的山楂（日本東京）。

中藥材山楂。

果表有斑點。

鮮採的山楂。

種子褐色。

- **識別重點** 落葉灌木或小喬木,高可達6公尺,樹齡可超過100年。有刺或無刺。單葉,互生,長5至10公分,羽狀深裂,重鋸齒緣。繖房花序,由12至25朵組成,白花,5瓣,花梗有毛。梨果,直徑1至1.5公分。果肉粉紅色為主。種子3至5枚。
- **別名** 紅果、山裡紅、朹、仙楂。
- **英文名** Hawthorn、Chinese Hawthorn、China Hawthorn。

繖房花序。

葉片5至9羽狀深裂,重鋸齒緣。

花5瓣,雄蕊20枚,短於花瓣;雌蕊花柱3至5。

果實變紅,果點明顯即可採收。

榲桲屬	*Cydonia oblonga*	產期　9～11月 花期　4～5月	台灣無栽培

榲桲

　　榲桲屬中唯一的植物，原產於亞洲中部至高加索山區，屬於溫帶水果，年產量約69萬公噸，以土耳其占25%最多，中國次之。土耳其為最大輸出國，中亞、南歐、東歐、北非、墨西哥、美國加州、南美洲、紐西蘭也有栽培。中國主要栽培於西北各地，以新疆（南疆）較多。

　　很早就引進西方栽培，希臘神話中的「金蘋果」指的可能就是金黃色的榲桲。喜歡涼爽乾燥的氣候，混植不同品種的授粉樹可幫助結果。幼果有綿毛，成熟後細毛脫落並散發香氣，古人會將它放入衣箱中薰香。味甘酸，富含維生素C。果肉鮮食硬而澀，又名「木梨」，烹調後會變為粉紅色，南歐國家常搗泥後製成傳統食品。亦可製果醬、果凍、釀酒、入藥，浸泡蜂蜜可製成蜜餞，或當作化妝品香料。

　　在歐美國家，榲桲常用來當作西洋梨的矮化砧木，可使西洋梨植株矮化易於密植；但榲桲與東方梨的嫁接不親和性很強（不容易癒合存活），須再以西洋梨當作中間砧。

結實累累的榲桲（紐西蘭北島）。

榲桲（黃色者）與蘋果（紅色者）。（英國倫敦波若市場）

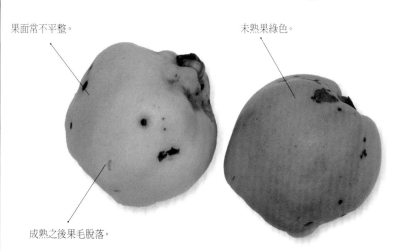

果面常不平整。

未熟果綠色。

成熟之後果毛脫落。

進口的榲桲果汁（左）和接骨木果汁（右）。

·**識別重點** 落葉小喬木或灌木，高3至8公尺。單葉，互生，全緣，背面密生軟毛。花5瓣，白色或粉紅色。仁果，未成熟時有白毛，成熟後金黃色，無毛。種子多數。

·**別名** 木梨。

·**英文名** Quince。

榅桲開花，5瓣（美國波士頓）。

葉片全緣，葉背有細毛。

金黃色的榅桲（英國倫敦波若市場）。

花瓣粉紅色，此為花苞（日本東京）。

幼果表面有短毛（日本東京）。

日本青森縣的榅桲。

枇杷屬	*Eriobotrya japonica*	產期　2～4月 花期　10～12月	台中市（超過 800 公頃）。

枇杷

　　原產於中國，為唐太宗愛吃的水果之一，白居易詩句「淮山側畔楚江陰，五月枇杷正滿林」即描寫江淮一帶種植的盛況。以中國栽培最多，日本、澳洲、印度、以色列、土耳其、西班牙、義大利、阿爾及利亞、巴西、墨西哥、美國加州、夏威夷都有引進栽培。

　　分為白肉及紅肉二大類，以白肉類品質較佳，農試所已育成「金鑲白玉」品種推廣中。台灣最常見的「茂木」屬於紅肉類日本品種，果重40至50公克，大陸另有最重可達200公克的「大五星」品種。夏末初秋花芽分化，冬季開花。疏花、疏果再套袋能提高品質。以台中新社、太平栽培最多，約占全台61%。台東卑南、太麻里、鹿野一帶因為氣候較溫暖，農曆年後即陸續採收，產期為全台最早，價格亦高。台灣的枇杷並少量外銷新加坡、馬來西亞。在日本、中國溫帶地區，目前也利用溫室或網室栽培枇杷，省去套袋的成本，而且成熟期提早，兼能防蟲、防鳥。

　　鮮食為主，亦可釀酒、製蜜餞、果醬、果凍、糖水罐頭。葉片可入藥，與麥芽糖、川貝等中藥材熬煮即為著名的枇杷膏。

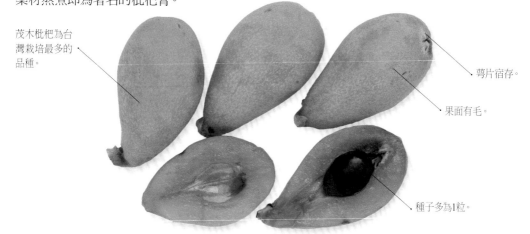

茂木枇杷為台灣栽培最多的品種。

萼片宿存。

果面有毛。

種子多為1粒。

冬天開花，為良好的蜜源植物，可釀枇杷蜜。

歐美國家的枇杷，主要供觀賞，較少食用（法國巴黎）。

· **識別重點** 常綠小喬木，全株有細絨毛。單葉，互生，倒披針形，厚而硬，葉緣鋸齒狀。圓錐花序，開於枝梢，花5瓣，白色，有香味。仁果，果皮薄，成熟時橘黃色。種子咖啡色，1至5粒。

· **別名** 蘆橘。

· **英文名** Loquat、Japanese Plum、Japanese Loquat。

茂木枇杷盛產於早春。

葉片倒披針形，兩面有毛。

陸續成熟轉色的茂木枇杷。

日本的枇杷品種——田中（日本東京）。

枇杷套袋，可提高品質。

枇杷果園開花中。

草莓屬	*Fragaria* × *ananassa*	產期　12～5月 花期　11～2月	苗栗縣（超過400公頃）。

草莓

　　原產於美洲的「維州莓」與「智利莓」之人工雜交雜種，種小名*ananassa*意思為鳳梨味。富含維生素C，各溫帶國家廣泛栽培，全球年產量逾900萬公噸，以中國占四成居第一。品種超過2,000個，大多由美國、歐洲、日本育成，為八或六倍體，果形大，產量高。

　　日治時代引進台灣，試種於陽明山一帶，最初多用來製作果醬。1979年苗栗縣大湖鄉首創以觀光草莓園型態開放採果，逐漸成為冬季高級水果。大湖鄉的草莓產量約占全台77%。

　　草莓屬於溫帶作物，冷涼短日有助於開花，配合蜜蜂授粉可使果實發育圓整飽滿。授粉後30至40天成熟，採下的果實甜度不會再提高，果肉逐漸軟化。在中高緯度地區，草莓植株為多年生，除了盛夏之外都可生產。台灣的氣候高溫多濕，病蟲害極多，果園必須每年更新，秋天種植，僅生產冬春果，夏季休耕或輪作，並從美國、日本、韓國、紐西蘭進口鮮果。

　　果實供鮮食，或製果醬、蜜餞、果汁、釀酒，並可料理入菜或作為冰淇淋、蛋糕之餡料。

草莓園常鋪設銀色PE塑膠布，減少病蟲害。

草莓開花與幼果。

育種於日本鹿兒島，產自福岡縣的白草莓-淡雪。

花托肥大成果肉。

瘦果芝麻狀，分散在花托表面。

萼片綠色。

- **識別重點**　多年生草本，全株有毛，成株有匍匐狀走莖，節上有根與葉，可剪下形成新的植株。三出複葉，根生，葉柄很長，葉緣鋸齒狀。繖房花序，花梗長而分支，花白色，5瓣。花托肥大可供食用，真正的果實為芝麻狀瘦果，多數。
- **別名**　鳳梨草莓。
- **英文名**　Strawberry。

花梗分支。

小葉3片。

葉柄細長。

聚合果。

粉紅色花朵品種。

紅花草莓，可供食用與觀賞。

| 蘋果屬 | *Malus domestica=M. pumila=M. sylvestris* | 產期　9 ～ 11 月
花期　4 ～ 5 月 | 台中市和平區（超過 150 公頃）。 |

蘋果

　　蘋果屬植物大約有35種，最重要的是「西洋蘋果」。早期的蘋果果實較小，經過近百餘年來的雜交改良，歐、美、日等國陸續推出大果蘋果。在落葉果樹中產量僅次於葡萄，品種數已逾15,000。清末傳入中國，發展迅速，1961年產量仍在全球前20名之外，1992年躍居第一，目前的產量已占全球之半。

　　原產於歐洲、中亞溫帶地區，熱帶高海拔山區（如印尼）也有栽培，並可藉由摘葉催花等產期調節技術，達到一年二收。1958年中橫公路通車後，梨山附近成為台灣重要的蘋果產區，年產值可達3.8億元，開放進口後，高品質溫帶蘋果大量輸入，產值只剩1億元。

　　蘋果具有自花不親合性，混植不同的品種有助於授粉與結果，疏果與套袋可以提高品質。依品種不同，8月底陸續採收至11月。福壽山農場果樹觀察區保存有多樣化的蘋果品種，位於場長室前方的「蘋果王」將43個品種嫁接在同一棵母株上，成熟季節各色蘋果高掛枝頭，甚為奇特。在英國，更有一名男子花了24年時間，將250個品種嫁接在同一棵蘋果樹上，堪稱世界第一。

　　供鮮食，可製果醬、果汁、果乾、罐頭，或釀酒、醋、烹調，深受許多人士喜愛。台灣的蘋果大多從美國華盛頓州進口，經過低溫氣調儲藏，風味不減。日本有57%的蘋果產自青森縣，最主要是外銷到台灣。

富士蘋果於10至11月採收，是品質極佳，世界知名的品種。

蘋果脆片。

北斗品種。

王林品種，為綠色果皮的「青蘋果」。

· **識別重點**　落葉小喬木，修剪後高約4公尺。葉片互生，廣橢圓形，葉緣鋸齒狀。繖房花序，每花序 至7朵花，中間的花先開放。花苞粉紅色，5瓣，白色，花梗頗長。仁果，顏色、大小、產期因品種而異。

· **別名**　西洋蘋果、奈、林檎、沙果。

· **英文名**　Apple、Common Apple。

日本青森縣的蘋果攤。

由英國引進，嫁接於東京小石川植物園的牛頓蘋果樹。

日本青森縣的世界一蘋果。

日本青森縣的陸奧蘋果。

適度疏果可以提高果實品質。

蘋果花白中透紅十分美麗。

梅屬	1.中國李：*Prunus salicina* 2.歐洲李：*Prunus domestica* 3.美洲李：*Prunus americana*	產期　3～8月 花期　1～3月	苗栗縣、台中市、南投縣 （以上為超過 200 公頃）。

李

　　可分為中國李（原產中國）、歐洲李（原產西亞、東南歐）、美洲李（原產北美）三大類。西方國家栽培最多的是歐洲李，盛產於塞爾維亞、羅馬尼亞等國，為塞爾維亞最重要的果樹，因此被選為國花。歐洲李果實多為橢圓形，藍黑色，適合鮮食（稱為plum）或加工成蜜餞、洋李乾（prune）外銷，營養價值很高，也稱為蜜棗、洋李。

　　中國李以鮮食為主，中國栽培最多，自古即為重要水果之一，日本、韓國也有栽培。台灣中北部山區適合種植，平地栽培亦可開花。花有淡淡的清香，果實酸甜多汁，愈遲採收果肉愈軟糖分愈高。常見的品種如紅肉李，可鮮食、釀酒、製果醬。

　　李具有自花不親和性，單一植株不容易結果，混植不同的品種則能互相雜交（也能和同屬的果樹如杏雜交）。明治時期美國從日本引進中國李，並和美洲李進行種間雜交，目前許多加州李都具有中國李的血統。市場上的加州李幾乎都由美國加州進口，果實大，品種多，耐貯藏，品質佳，新竹、苗栗、台中、南投等冷涼山區也有少量種植。

美國加州進口的恐龍蛋，為雜交種李子，品種極多。

葉形略長，鋸齒緣。

李子著生情形。

果核扁平。

進口的蜜棗李，為雜交品種的李子。

・**識別重點** 落葉小喬木，高2至10公尺。單葉，互生，鋸齒緣。花單生或2至3朵簇生，有長梗，5瓣，白色。核果，果面有凹溝，光滑並有蠟粉。

・**別名** 1.中國李：東方李；2.歐洲李：洋李。

・**英文名** Plum、Oriental Plum、Japanese Plum。

果色鮮麗的加州李。

歐洲李開花（日本東京）。

紅肉李，屬於早期引進的中國李品種。

李樹於早春開花，白花，自交不親和性。

美國的加州李果園（美國加州）。

歐洲李可鮮食、加工或乾製（日本東京）。

梅屬	*Prunus armeniaca*	產期 5～7月 花期 3月	梨山一帶少量栽培

杏

　　原產於中國華北與西北，極受古人讚譽，稱農曆二月為「杏月」，醫界為「杏林」，教育界為「杏壇」，詩曰「春色滿園關不住，一枝紅杏出牆來」。自古即為黃河流域重要的果樹。

　　二千多年前經由絲路傳入波斯、希臘、羅馬，之後來到美洲。目前杏的品種數已達數千，南歐、北非、中亞、美國都有栽培，已成為世界重要果樹，年產量425萬公噸，以土耳其為最大產地。為敘利亞重要果樹之一，並為該國國花。美國盛產於加州等十餘州，主要製成罐頭、果汁，但台灣進口極少。日本以長野縣栽培最多，因最初是來自中國，又名「唐桃、江戶桃」，目前日本也推廣美國、加拿大育成的鮮食品種。

　　極耐寒，在台灣很罕見，僅梨山一帶零星栽培，平地風景區的杏花其實是重瓣的「桃花」。杏、梅血緣關係較近，可相互雜交，和梅相較：「杏」葉較大而較圓，花期較晚，果實較大，果肉與果核易分離，果核扁而無凹點。

　　果肉甜或酸，可鮮食，不耐運輸，多半晒成杏乾、製杏脯、杏酒、杏醋、糖水杏、果醬。種仁稱為「杏仁」，分為苦、甜兩種，苦的適合入藥；甜的可生食、炒食、製杏仁霜、杏仁茶。

五月底轉色中的杏果。

杏樹開花，粉紅色或白色（日本東京）。

杏乾

英國愛丁堡的杏

果核扁，表面無凹點。

中藥材杏仁

- **識別重點** 落葉喬木，高6至8公尺。單葉，互生，葉形略圓，尾端漸尖，葉緣鋸齒狀。花單生，萼片紅紫色而反卷，花五瓣，白色或淡粉紅色。核果，直徑3至4公分，成熟時橙黃色，向陽處常有紅暈。
- **別名** 普通杏、杏子、杏桃 。
- **英文名** Apricot。

葉緣鋸齒狀。

未轉色果實。

杏結果枝。

法國巴黎塞納河邊的杏。

中藥材杏仁。

進口的杏。

葉形略圓、尾端漸尖。

進口的杏乾與杏果醬。

杏乾是日本長野縣的特產之一。

| 梅屬 | *Prunus dulcis=Prunus communis* | 產期　8～10月
花期　3～4月 | 台灣無栽培 |

巴旦杏

　　原產於中亞至非洲北部，在土耳其有4,000年栽培歷史，唐朝時由波斯引入，古稱婆淡、巴旦姆，《本草綱目》稱為巴旦杏。一百多年前引進美國加州後發展迅速，2017年美國的產量獨占全球45%，為最大出口國，西班牙次之，中東、北非、南歐、中亞也有栽培，並為中國新疆（南疆）重點推廣果樹之一。

　　葉、花、果均與「桃子」相似，但果型較小而略扁，又名「扁桃」，果肉並不好吃，成熟乾裂露出扁平的硬核，一端較圓一端較尖，裡面的種仁俗稱為「杏仁」。為了與中國原有的杏（種仁自古即稱為杏仁）區別，建議稱之為「扁桃仁」或「巴旦杏仁」以免混淆。可生吃、炒食、烹調、入藥、製粉，晒乾即可貯藏或外銷。營養豐富，為世界知名的乾果，並可榨製高級食用油。

　　喜歡乾燥氣候，多雨地區根系易腐爛，台灣極難栽培。年需求量近5,000公噸，幾乎都從美國進口，分為帶殼、去殼兩類，或切成長條狀、細塊狀，或磨成粉狀，口味香甜，常加工成各種點心食品。

果肉乾澀無味，熟時裂開。

果肉裂開，露出硬核。

種仁供食用。

美國加州中央谷地的巴旦杏。

成熟裂開中的巴旦杏（美國加州）。

· **識別重點** 落葉小喬木，高4至6公尺。單葉，互生，鋸齒緣，長4至7公分。花5瓣，粉紅色或白色。核果，果實淡綠色，成熟轉黃褐色，密生短毛。果核1粒，種仁甜或苦。

· **別名** 扁桃、杏仁果、美國大杏仁、芭欖、巴旦木。

· **英文名** Almond。

幾種以「杏」為名的水果：

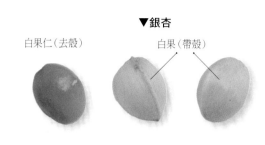

▼銀杏

白果仁（去殼）　　　　白果（帶殼）

▼巴旦杏

帶殼果核（己去殼）　　去殼　　去膜　　杏仁片　　杏仁粒

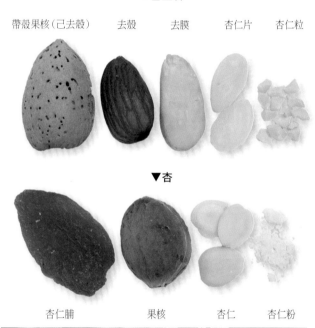

▼杏

杏仁脯　　　　果核　　　　杏仁　　　杏仁粉

杏仁小魚乾為國人喜食的零嘴。

巴旦杏開花特寫（日本山梨縣）。

巴旦杏開花，與桃花不易分辨（日本山東京）。

| 梅屬 | *Prunus mume* | 產期　3〜5月
花期　12〜2月 | 高雄市、南投縣（以上為超過 1,100 公頃）。 |

梅

　　原產於中國四川、湖北山區，華中、華南及西南各省盛產，產量居世界第一，常製成梅乾外銷，最大的產地是江蘇蘇州，長江以北已較為少見。傳入南韓、日本後亦成為重要果樹，東南亞亦有栽培，歐美各國僅止於觀賞，國際間果實需求與貿易量不多。早年引進台灣。

　　品種很多，依用途分為觀賞性「花梅」、採果用「果梅」兩類。花梅有白、粉紅、淺綠等花色，單瓣或重瓣，產果量少。果梅白花、5瓣，符合「國花」的印象，以高雄桃源、南投縣信義鄉栽培最多，面積八百餘公頃，號稱梅鄉，每年元旦前後風櫃斗、烏松崙、牛稠坑的梅花盛開，宛如下雪。梅的低溫需求量並非很高，緯度越高氣候愈冷開花期愈晚，成熟期也愈遲。台灣的青梅自3月下旬起陸續採收，江、浙一帶約6至7月黃熟，此時正逢雨季，又稱為「梅雨」。

　　青梅味酸，令人「望梅止渴」；黃梅稍轉甜，風味似李。梅子可加工為脆梅、鹽漬梅、烏梅或果醬、梅汁、酒、醋。除供內需，並少量外銷日、歐、美、中、澳等國。

　　富含蘋果酸、檸檬酸等有機酸，並含大量的鉀、鈣、鎂等鹼性礦物質，有助於體內的酸鹼平衡，被視為健康食品。

即將可採收的青梅。

台北濱江市場的青梅。

糖漬脆梅。

鮮採青梅。

黃熟的梅子略甜，但果肉已軟化，不適合製脆梅。

果核較厚，表面有凹點。

白色的梅花，為良好的蜜源。

觀賞用碧君梅，桃紅色。

信義鄉牛稠坑柳家梅園。

· **識別重點** 落葉小喬木，高6至9公尺。單葉，互生，葉卵形，先端尾尖，鋸齒緣。花萼與花瓣各5片，芳香，花梗極短。核果，密覆細毛，成熟時黃綠色或帶紅暈。果肉與果核不易分離，果核密佈凹點。

· **別名** 青梅、梅仔、白梅。

· **英文名** Japanes Apricot、Mei、Mume Plant。

梅子結果枝。

葉片互生。

果梗短

梅屬	*Prunus persica*	產期 1. 脆桃：5～8月 2. 平地水蜜桃：5～6月 3. 水蜜桃：7～8月 花期 2～3月	台中市（超過1,200公頃）。

桃

　　原產於黃河流域，自古即為重要的果樹。漢朝時經由波斯引進歐洲，英文名Peach和種小名*persia*都是從persia（波斯）衍生而來。發現新大陸後引進美洲，目前各大洲都有種植，以中國產量居首，西班牙、義大利分居二、三。

　　有三千多個品種，台灣栽培較多的有三類：第一類是適合低海拔種植的硬肉桃（脆桃），如鶯歌桃，可鮮食或加工成脆桃。第二類是俗稱的「水蜜桃」，須足夠低溫才能正常開花，果肉溶質香軟多汁，以梨山、拉拉山生產最多，並大量自美國、日本進口。第三類是「平地水蜜桃」，不須太多低溫也能正常開花，具有水蜜桃的口感，低海拔栽培有其優趨勢。

　　一般的桃子果面有毛，屬於毛桃；梨山一帶少量引進栽培的「油桃」屬於毛桃的突變種，夏季幾乎都由美國加州進口，俗稱甜桃，年進口量約一萬公噸；冬季主要來自智利。「蟠桃」原產於中國，「西遊記」上說它每三千年或九千年一熟，市場上大多從加州進口，果實扁圓，梅峰農場有標本式栽培。

　　桃子除了鮮食，也能製罐頭、果汁、果醬、桃乾。種仁可榨油，也能入藥。

平地水蜜桃又稱熱帶水蜜桃，低海拔地區即能栽培。

中津白桃的果肉白色，果汁多，甜味高，香氣濃。

油桃的果面光滑無毛。

蟠桃的果形扁圓，俗稱燒餅桃。

桃子結果。

葉子長披針形。

- **識別重點** 落葉小喬木，高3至5公尺。單葉，互生，鋸齒緣。花常單生，短花梗，5瓣，粉紅色或白色。核果，有或無毛，果肉白、粉紅或黃色，肉質硬或軟，果核一粒，黏核（不易與果肉分開）或離核（易與果肉分開），種仁甜或苦。
- **別名** 桃：1.毛桃； 2.油桃：甜桃、玫瑰桃。
- **英文名** 桃：Peach；油桃：Nectarine。

油桃的產期約6月，果面無毛。

水蜜桃開花，媲美櫻花。

水蜜桃最知名的產地為梨山與拉拉山。

觀賞用品種—灑金碧桃。

蟠桃開花，花色豔麗。

桃之夭夭，灼灼其華，自古即為著名的觀賞花木。

梅屬	*Prunus* spp.	產期 5～6月 花期 2～3月	甜櫻桃台灣無栽培

櫻桃

　　原產於北半球，種類很多，以歐洲甜櫻桃（*P.avium*，原產於歐洲、西亞）最重要。另有歐洲酸櫻桃（*P.cerasus*）、中國櫻桃（*P.pseudocerasus*）。中國櫻桃於華北、華中自古即有栽培，而且「處處有之……先百果熟，古人多貴之」，目前已培育出許多品質不錯的中國櫻桃新品種。

　　酸櫻桃含糖量較低，以俄羅斯、土耳其及歐州栽培較多，適合料理或加工，常用於釀酒、製罐頭、果醬、果汁、糖漬成蛋糕上的染色櫻桃。

　　甜櫻桃是最受歡迎的鮮食櫻桃，有一千多個品種，果實大甜度高，以土耳其生產最多，其次是美國、伊朗；論外銷量則以智利居首。

　　台灣的甜櫻桃大多從美國華盛頓州進口，俗稱「西北櫻桃」，奧勒岡州與加州也是知名產區。從清晨開始採收，經過預冷、分級、裝箱，24小時內空運抵台。冬季則由智利進口。日本以山形縣栽培最多，單價比進口櫻桃貴上許多，號稱「初夏的寶石」。

　　甜櫻桃喜好冷涼、日照需充足，台灣栽培困難。國內較適合種植的應該是中國櫻桃之低需冷性、早熟品種，成熟期若早於梅雨季之前，可減少裂果，但露天栽培仍易遭小鳥啄食。

佐藤錦櫻桃開花（日本山梨縣）。

美國進口的Bing櫻桃，為最廣泛栽培的品種。

果核一粒。

· **識別重點** 落葉性，甜櫻桃可高達10公尺，其他的櫻桃樹型較小。單葉，互生，葉緣鋸齒狀。冬季落葉，春季開花。花4至6朵呈繖房花序，花梗長，5瓣，白色或淡粉紅色。核果，成熟時紅、粉紅或紫紅色，因品種而異。

· **英文名** Cherry、Sweet Cherry。

美國聖路易民宅外的歐洲甜櫻桃。

梅峰農場的暖地櫻桃開花。

歐洲酸櫻桃開花（英國愛丁堡）。

紐西蘭南島皇后鎮的甜櫻桃果園。

美國聖路易的歐洲甜櫻桃。

梨屬	*Pyrus communis*	產期　7～10月 花期　3～4月	福壽山農場等高冷地區

西洋梨

　　原產於歐洲中南部至伊朗北部，在羅馬帝國時期歐洲已栽培很多，後來引進美國、南半球、日本。以阿根廷、義大利、美國為最大產地，南美洲、北非、西亞、紐、澳等溫帶國家也有栽培，有3,000多個品種，為世界性重要果樹之一。清末由傳教士引進中國，山東、遼東半島栽培較多，目前並已量產及外銷歐洲。

　　中橫公路通車後，梨山、武陵農場一帶成為重要溫帶水果產區，由美國引進的西洋梨也在此生根，開花結果情形良好。但因須後熟方可食用，口感與國人習慣的東方梨不同，至今栽培不多，福壽山農場尚保存數棵標本樹，品種有法蘭西、巴梨、好本等。西洋梨的葉片較東方梨小，果實上窄下寬，採後適合低溫貯運，經後熟逐漸變軟，芳香多汁，風味極佳。

　　除供鮮食，也可製糖水罐頭、冰沙、水果酒、西洋梨派、紅酒燉梨。台灣的西洋梨鮮果大多從美國奧勒岡州、華盛頓州進口，品種如Anjou，品質並非最佳，但優點是耐貯。冬季則由紐西蘭、智利進口。

紐西蘭皇后鎮的西洋梨。

▲不同品種的西洋梨。

進口的Anjou梨，分為紅色與綠色品系，耐貯藏，超市中最常見。

葉形比東方形小。

· **識別重點** 落葉喬木，矮化後高2
至3公尺。單葉，互生，邊緣鋸齒
狀，尾端銳尖。繖房花序，每花序
有4至15朵花，白色，5瓣，可與東
方梨相互雜交。仁果，種子數粒。

· **別名** 洋梨、歐洲梨。

· **英文名** Pear、Common Pear。

開花。

幼果。

西洋梨Louise Bonne of Jersay（澤西的路易斯波
恩）（英國倫敦）。

西洋梨開花—好本梨。

尚未成熟的西洋梨—巴梨。

上窄下寬的果型。

梨屬	*Pyrus pyrifolia*	產期　1. 橫山梨：8〜9月 　　　2. 高接梨：5〜8月 花期　1〜3月	台中市、苗栗縣（以上為超過1300公頃）。

東方梨

　　梨可分為「東方梨」、「西洋梨」兩大類。東方梨原產於中國、韓國與日本，採收後不須後熟即可食用，有三千多個品種。中國為最大產地，產量超過全球九成，韓國與日本亦盛產，紐西蘭也有引進，其他國家少見。可再分為沙梨（*Pyrus pyrifolia*，包括豐水、新興等日本梨）、白梨（如鴨梨）、秋子梨等。

　　橫山梨為早期引進的低需冷性品種，口感差，市面上已甚少見。其幼果和鳥梨一樣可作蜜餞、糖葫蘆。中橫公路通車後，梨山、武陵一帶因為日夜溫差大，可生產日本品種溫帶梨，品質較佳。後來台中東勢的張姓農民率先研發「高接」技術，以日本梨的花芽為接穗的，嫁接在橫山梨枝條上生產高接梨（寄接梨），其他果農陸續跟進，成為台灣的栽培主流，也是獨特的產業。估計每年需嫁接三億個花芽，花芽大多從日本、中國進口，採收的高接梨並可外銷日本、東南亞、中國、加拿大。市場上也每年進口冷藏的東方梨，其中95%來自韓國。

　　近年來農試所與台中改良場將日本梨與橫山梨雜交，成功培育出雜交梨，具有日本梨的甜脆口感與接近橫山梨的低需冷性，每年只須催芽不必高接，可降低生產成本，採下後可冷藏2至4個月再上市，能分散供應期。

　　東方梨以生食為主，少數加工成果汁、蜜餞、水果酒、罐頭。

高接的豐水梨。

高接梨每年嫁接、套袋，十分辛苦（台北蘆洲）。

高接的豐水梨幼果。

- **識別重點** 落葉性喬木，常矮化成2至3公尺。單葉，互生，葉緣鋸齒狀，尾端銳尖。繖房花序，每花序有4至15朵花，白色，5瓣，花梗長。仁果，成熟時淡褐、淺黃或淺綠色，富含「石細胞」，吃起來有砂粒的感覺。
- **別名** 水梨、亞洲梨。
- **英文名** Oriental Pear；沙梨：Sand Pear；中國梨：Chinese Pear；日本梨：Japan Pear

長十郎，為明治年間發現的品種。

幸水梨，為昭和16年雜交育成的品種。

萊陽梨的果皮粗糙，果點大。

橫山梨為早期引進的品種，俗稱「粗梨子」。

鴨梨是中國栽培最多的品種。

繖房花序，每花序有4至15朵花。

懸鉤子屬	1.覆盆子：*Rubus idaeus* 2.黑莓：*Rubus allegheniensis*	產期　6～9月、冬季 花期　4～5月為主	雲林古坑

覆盆子與黑莓

　　覆盆子為懸鉤子屬的植物，最先由歐洲人改良馴化成為果樹，年產量約81萬公噸，俄羅斯（烏拉山以西）為最大產地，歐洲、美國、日本、紐西蘭、澳洲等溫帶地區都有栽培。

　　成熟的覆盆子由數十個小果聚合成帽子狀，易與花托分離，果心中空，採收務須小心避免擠壓損傷，最好立即生吃、加工或冷藏。盛產期為夏天，也有一年二收的品種。富含花青素，成熟時紅、橘、黃、白、黑紫等色，因品種而異。味道酸甜，可製果醬、果汁、果凍、釀酒、入藥、糕點配料。雲林古坑一帶已有人成功試種但供貨量不高，大型超市偶有美國進口的鮮果或冷凍品，價格頗貴。

　　同屬的黑莓起源於北美洲東部，聚合果成熟時黑色，與花托相連，外形似桑椹，味道甜美，可製果醬、果汁、果凍。枝條多刺，小葉3片為主。黑莓植株比覆盆子怕冷，栽培面積比覆盆子少。

　　懸鉤子屬的植物全球共有七百多種，台灣有四十多個野生種，從平地、郊山到高山都有分布。台灣的懸鉤子不乏甘甜多汁、具開發利用潛力者，但是果心中空不耐貯藏，為亟待克服的缺點。

覆盆子結果（日本輕井澤）。

覆盆子果心中空。

黑莓的口感紮實，果心不中空。

- **識別重點** 落葉性灌木,枝條直立或半直立性,高1至2公尺,枝葉與果梗有刺,具有腺毛。羽狀或三出複葉,互生,小葉3至5片,鋸齒緣。總狀花序,開於枝稍或葉腋,花白色,5瓣,花萼5枚。聚合果,直徑1至1.5公分,由數十個小果組成。小果有種子1粒。
- **別名** 1.覆盆子:紅樹莓、覆盆莓 ; 2.黑莓:歐洲黑莓。
- **英文名** 覆盆子:Rasberry;黑莓:Blackberry。

黑莓為三出複葉。

覆盆子為羽狀複葉。

郊野常見的懸鉤子,台語俗稱「刺波」。

黑莓開花,5瓣。

黑莓Adrienne(英國倫敦)。

| 咖啡屬 | 1. 阿拉伯咖啡：*Coffea arabica*
2. 大葉咖啡：*Coffea canephora* var. *robusta*
3. 賴比瑞亞咖啡：*Coffea liberica* | 產期　5～12月
花期　2～7月、12月 | 屏東縣、南投縣、台東縣
（以上為超過100公頃）。 |

咖啡

　　咖啡是三大飲料作物之一，品種相當多，可分為arabica、robusta、liberica及雜交種四大系統，以arabica的風味較香醇，栽培最廣，需求量約占總數3/4。

　　咖啡含有咖啡因、生物鹼，食後易刺激中樞神經、消除疲勞。最開始供咀嚼提神，後來才取種子磨粉煮泡飲用，可能是隨著回教徒而傳至東歐、南歐，之後再引入美洲。主要產於中南美洲、東南亞與熱帶非洲，全球年產量約921萬公噸，以巴西獨佔29%為最高，越南次之；巴西為世界最大的生豆出口國。位於西亞的葉門則以咖啡為國花，因為17世紀葉門的咖啡曾經由摩卡港行銷國際。

　　台灣於1884年由英國商人首次引進試種，日治時代曾欲大力推廣，但未成風潮，直到10餘年前才由「古坑咖啡」打開知名度，目前各縣市幾乎都有栽培。由於製作費時，產量有限，台灣的咖啡豆大多靠進口，年需量約28,000公噸，本土咖啡豆的比例目前不到3%。咖啡以手工採收較佳，可避免混雜未熟或過熟的果實。去除皮肉後，經過去殼、去膜（銀皮）、烘培等手續，即可研磨沖泡。

葉片對生。

阿拉伯咖啡結果枝。

賴比瑞亞咖啡果實較大，台北植物園有栽培。

賴比瑞亞咖啡，葉片較大。

阿拉伯咖啡，葉片較小。

- **識別重點**　常綠大灌木，高2至4公尺，主幹較直，側枝橫生或略下垂。單葉，對生，全緣，葉緣略呈波浪狀，葉面光滑。花白色，5瓣，有梔子花的芳香。漿果，橢圓形，成熟時暗紅色，果肉略帶甜味。種子1至3粒。

- **別名**　1.阿拉伯咖啡：阿拉比卡咖啡；　2.大葉咖啡：羅布斯塔咖啡；
　　　　　3.賴比瑞亞咖啡：利比亞咖啡。

- **英文名**　Coffee　1.阿拉伯咖啡：Arabica Coffee；　2.大葉咖啡：Robusta Coffee；
　　　　　3.賴比瑞亞咖啡：Liberian Coffee。

進口的咖啡豆。

開花於側枝葉腋，下雨或灌溉有助於開花。

嘉義瑞里的農民晒製咖啡豆。

台灣許多農民將咖啡與檳榔間作。

大葉咖啡葉面波紋較大，果色暗紅，苦味較強。

白柿屬	*Casimiroa edulis*	產期 5～8月 花期 11～4月	中南部偶有栽培

白柿

　　原產於墨西哥、瓜地馬拉的高地，美國佛州、加州、巴西、澳大利亞、紐西蘭、日本、斯里蘭卡、以色列、南非等溫暖地區多有栽培。台灣曾多次自美國、日本、澳洲引進，大部分地區都適合種植，以中南部栽培較多，營養成分高，為值得推廣之果樹。

　　因果形像柿子、果肉白色而得名，但與柿子並無親緣關係。為柑橘的遠親，不用剝皮亦無瓤瓣。掌狀葉近似馬拉巴栗，可從嫩葉帶紅色、圓錐花序、果梗較長且下垂來區別。

　　扦插、嫁接或高壓繁殖均可，枝條生長快速，需適時矮化。開花後約5至7個月果實成熟，成熟時綠皮或黃皮，以黃皮品種較受歡迎。

圓錐花序開花上百朵，著生於新枝或葉腋。

　　剛採下果實是硬的，後熟軟化才可食用。果皮薄，黃肉或白肉，甜而不酸，柔軟綿密並有牛奶香氣，可用湯匙挖取或直接吸食，入口即溶，英名「sapote」為古語，又甜又軟的水果之意。冷凍後滋味更佳，口感似冰淇淋；搗糊後加入萊姆汁或檸檬汁調味可直接飲用。亦可製果凍、冷凍水果、冰淇淋、蜜餞、果汁。

白柿結果，食用前可不削皮。

· **識別重點** 常綠小喬木，高3至15公尺。掌狀複葉，互生，小葉5至7片，以5葉最多。圓錐花序，著生於新枝中末端或葉腋，花5瓣，淡白綠色，雌蕊綠色，雄蕊紅色。漿果，略扁球形，直徑5至10公分，重約0.6公斤。種子1至6粒。

· **別名** 白人心果、墨西哥蘋果、香肉果。

· **英文名** Cochil Sapote、White Sapote、 Mexican Apple。

掌狀複葉，通常為 小葉。

白柿嫩葉帶紅色。

花五瓣，淡白綠色。

柑橘屬	*Citrus grandis*	產期 9～12月 花期 2～4月	文旦：台南市、花蓮縣（以上為超過 1,000 公頃） 白柚：台南市（超過 200 公頃）。

柚子

　　文旦、白柚等大型柑桔類水果的通稱，原產於中國華南至中南半島一帶，主產於中國、東南亞、印度、孟加拉和台灣。歐美各國種得不多。

　　品種很多，依果肉顏色概分為白柚、紅柚；依採收成熟期有早柚、晚柚之別；另有蜜柚、泰國柚、西施柚、沙田柚等品種。台灣栽培最多的品種為「麻豆文旦（Mato Buntan）」，以台南麻豆栽種最早，老樹欉加上用心管理，品質公認最佳，其他各地通常十年生以上的植株結出來的文旦品質也都很穩定。

　　麻豆文旦的特性是早熟、果實小、無籽，但開花時若雜交到柳丁、柑橘、白柚的花粉就會結籽而使風味變差。通常於白露前7至10天採收，放在陰涼通風處讓水分縮乾變成「軟米」以提高甜度，為中秋團圓賞月必備佳果。麻豆文旦的栽培面積以麻豆區最大，產量居首。

　　果形較大的白柚也很受歡迎，其果肉白色，多汁而酸甘，約在10月開始採收。其它柚子的風味也各有千秋，果皮厚耐貯藏，品質佳。台灣的柚子也有外銷中國、東南亞、加拿大、日本、約旦等國。

即將採收的西施柚。

馬來西亞怡保打捫柚，酸甜多汁（新加坡）。

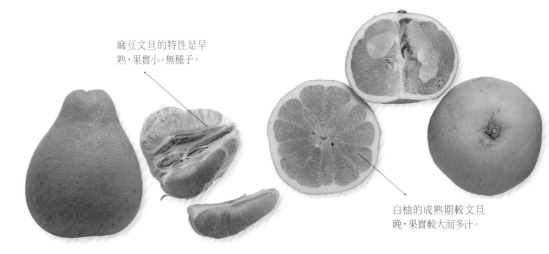

麻豆文旦的特性是早熟，果實小、無種子。

白柚的成熟期較文旦晚，果實較大而多汁。

・**識別重點**　常綠喬木，樹齡可達百年以上。高可達3至8公尺，枝幹有刺。單身複葉，翼葉巨大。總狀花序，白色，4至5瓣，芳香。柑果，果皮粗厚，油胞大。瓤囊13至15瓣，砂囊（果肉）大而多汁。種子大而皺。

・**別名**　柚、文旦。

・**英文名**　Pomelo、Shaddock、Wentan ；
　　　　　1.麻豆文旦：Ma-tou Wentan；
　　　　　2.白柚：Pai Pomelo；
　　　　　3.斗柚：Tou Pomelo。

單身複葉，翼葉巨大。

柚子皮作成的糖漬柚皮。

總狀花序，白色，4至5瓣，芳香。

麻豆文旦喜高溫及雨水、日照充足，耐寒力較弱，中南部適合栽培。

白柚的果形較扁，產期較晚。

柑橘屬	*Citrus latifolia*	產期 全年，5～6月及11～1月較多 花期 全年，2月及8～9月較多	新竹、南投、彰化、嘉義、 屏東、花蓮零星栽培。

萊姆

　　萊姆是Lime的譯音，原產於印度、緬甸、馬來西亞一帶，為熱帶地區主要的酸用柑橘。哥倫布發現新大陸後引進美洲，目前埃及、中東、印度、東南亞、澳洲、墨西哥、中南美洲都有種植，以美國佛州、巴西、以色列、印度栽培最多。大致分為甜萊姆、小果萊姆、大果萊姆。台灣栽培最多的是大果萊姆，一年四季都可開花結果，果皮薄而光滑，果汁率高，酸味強，可代替檸檬用於榨汁、調味、釀醋，或混合鳳梨、洛神葵等製成果醬。大果萊姆屬於三倍體所以沒有種子，香氣稍遜於檸檬，栽培情形較檸檬零星，市場上常稱為「無籽檸檬」刺激買氣。

　　柑橘類水果富含維生素C，當年大英帝國的船艦上常載滿萊姆和檸檬，可預防水兵罹患可怕的壞血病。萊姆能提煉檸檬酸，為食品飲料調味劑。檸檬酸能幫助消除疲勞，順暢代謝，減少脂肪囤積，有益身體健康。

花蕾白色，5瓣，芳香。

果皮較檸檬細緻。

果肉淡綠色，通常無種子。

兩端較少突出。

果形較檸檬短圓。

· **識別重點**　常綠灌木，寒流來
襲時偶會落葉。高2至3公尺，
多分枝。單身複葉，頂生小葉
較圓，葉緣鈍鋸齒狀，葉翼小，
葉腋有小刺。花蕾白色，5瓣，
芳香。柑果，果實短紡錘形，乳
頭較短，果肉淡綠色，瓤囊約
10瓣。種子1至4粒或無種子。

· **別名**　無籽檸檬、大溪地萊姆、
波斯萊姆、青檬、萊檬。

· **英文名**　Lime。

單身複葉，頂生小葉較
圓，葉緣鈍鋸齒狀。

葉翼小。

果實短紡錘形，乳頭較短。

萊姆結實情形。

柑橘屬	*Citrus limon*	產期 全年，6～9 月盛產 花期 全年，12～2 月盛開	屏東縣（超過 1,800 公頃）。

檸檬

　　原產於印度或緬甸，可能為枸櫞與萊姆的天然雜交種。早年傳入西亞和南歐，發現新大陸後引進美洲。目前亞熱帶、地中海型氣候區廣泛栽培，印度、墨西哥、阿根廷、中國、巴西、美國、土耳其、南歐盛產。

　　日治時代引進台灣，以屏東縣栽培最多，生產面積占全台70％。主要的品種為優列喀（Eureka），其果實較小液汁較多，幾乎全年開花，果實四季可見，又稱為「四季檸檬」。夏天盛產，春季量少價格較貴。可鮮銷或冷藏，並少量外銷香港、新加坡、加拿大。淡季時也有少量進口，主要來自美國。清爽味香，為重要的酸用柑橘之一。

　　富含檸檬酸、維生素C，糖分很少，常榨汁飲用或佐餐調味。煎魚、烤肉時酌加檸檬汁可改變食物風味。並用於提煉檸檬酸，果皮可提煉精油，經濟價值很高。

　　國外的檸檬採收後，通常再經過乙烯催色處理，故呈現漂亮的金黃色，塗上食蠟可延緩失水有助於外銷，單價很貴。台灣人慣用的是綠色的檸檬，「在欉」自然成熟的黃皮檸檬不但風味差，也不耐貯藏。

Eureka檸檬幾乎全年開花結果。

種子約5粒。

瓤囊多汁。

催色後的進口檸檬，價格較昂貴。

果面較萊姆粗糙。

兩端較突出。

·**識別重點** 常綠性灌木，高2至3公尺，分枝開張性。單身複葉，互生，葉腋有刺。幼葉帶紅色，漸轉為綠色。花單生或3至5朵呈總狀花序，芳香，5瓣。柑果，略成紡錘形，兩端突出成乳頭狀，果皮粗厚，果肉淺黃色。種子約5粒。

·**英文名** Lemon。

花蕾或花瓣外側淡色或粉紅色。

內側白色。

雜交品種的香水檸檬。

屏東萬丹檸檬果園。

柑橘屬	*Citrus medica* var. *sarcodactylis*	產期 9～12月 花期 4～5月較多	宜蘭、新竹等零星栽培。

佛手柑

原產於印度東北部至中國華南，為枸櫞（一種柑橘）的變種，果實頂端開裂成手指狀，俗稱佛手；亦有不開裂者稱為佛拳，千姿百態，宋朝時即已栽培供觀賞，現今則養成盆景外銷東南亞。

依產地分為廣佛手（廣東、廣西）、川佛手（四川、雲南）等，以浙江金華生產的最為知名（金佛手），具藥用價值，被譽為果中仙品。為中國南方特產，切片晒乾製成佛手乾片行銷海內外。日本、歐洲、北美也有栽培。

可周年開花，秋至冬季果實由綠轉黃可剪下供佛。果皮甚厚，無一般柑橘的果囊，幾無汁液，無法鮮食，以加工為主。常醃製成涼果，亦可切絲晒乾泡茶、釀酒、製果醬。入藥以皮黃肉白、芳香持久者最好，具理氣、化痰等效。葉片與果皮可蒸餾萃取香精，為高級香料。

· **識別重點** 常綠灌木，高2至4公尺，枝上有刺。單身複葉，互生，長橢圓形，葉緣鋸齒狀，葉片無翼。圓錐花序，開於葉腋，花白色，5瓣，雌蕊的心皮分開如手指狀。柑果，果重0.6至2公斤不等。

· **別名** 佛手、佛手香櫞、五指橘、拳頭柑。

· **英文名** Fingered Citron、Buddha's Hand Citron。

花瓣內側白色，外側淡紫色，柱頭拳指狀。

尚未轉色的佛手柑。

新加坡牛車水農曆新年應景的佛手柑。

果端有10餘個大小不等的指狀突起。

果囊退化，幾無汁液，無種子。

柑橘屬	*Citrus paradisi*	產期 10 ～ 12 月 花期 12 ～ 3 月	嘉義縣（超過 200 公頃）。

葡萄柚

原產於西印度群島巴貝多，為甜橙與柚子的天然雜交種，由於果實成串簇生如葡萄而得名，盛產於美洲，並先後引進南歐、南非、亞洲、澳洲，以美國佛州種得最多，是歐美人士早餐後常備的水果，也是日本需求最多的柑橘類水果。

日治時代由夏威夷引進台灣，因果肉酸果皮有苦味，並未受到重視。近年來栽培技術進步，新品種果實酸度降低，加上營養豐富，漸受消費者重視，栽培日多。主要產地為嘉義縣竹崎鄉與番路鄉，栽培面積約占全台40%。秋天開始採收，除少量外銷中國、香港、新加坡、加拿大，每年並從南非、美國等進口四千多公噸鮮果。

葡萄柚開花，較柚子小型。

大致可分為白肉、粉紅肉、紅肉三大類，並有無籽品種。早期的品種均為白肉，味道較酸適合榨汁添加蜂蜜食用。紅肉葡萄柚為芽變與誘變而成的品種，紅寶石（Ruby）、星紅寶石（Star Ruby）富含茄紅素，味道甜而多汁，切開後可直接食用，亦可製成果汁、切片罐頭、釀酒。

· **識別重點** 常綠小喬木，植株似柚子但較小型。枝幹有刺或無刺。單身複葉，互生，葉翼有或無。花白色，4至5瓣。柑果，果實扁球形，果皮光滑而薄，瓢囊10至13瓣，種子1至3粒。

· **別名** 西柚、胡柚。

· **英文名** Grapefruit。

葡萄柚多半在秋天成熟。

紅寶石（Ruby）葡萄柚的果皮紅色，為世界栽培最多的品種。

澳洲墨爾本的紅寶石葡萄柚。

柑橘屬	*Citrus poonensis*	產期　10～12月 花期　2～4月	嘉義縣、台中市、台南市（以上為超過900公頃）。

椪柑

　　產於印度東北部，傳入中國後以福建、廣東為最大產地，英名Ponkan就是由中名音譯而來。日本、菲律賓、馬來西亞、美國德州和佛州也有少量栽培。

　　為台灣栽培面積最大的芸香科果樹，產地集中在中南部低海拔緩坡地，以嘉義梅山栽培最多。屬於寬皮柑（Mandarin，泛指易剝皮的柑橘）的一種，靠近果梗處凸起，閩南語稱為「膨」柑；皮薄易剝，果肉膨鬆果心中空，也叫「冇柑」。

　　柑桔類水果成熟時葉綠素逐漸破壞，胡蘿蔔素得以表現，呈橘紅色。胡蘿蔔素必須在13℃以下連續數小時的低溫感應才能充分表現，因此10月底提早採收的「青皮椪柑」往往尚呈綠色不再變色，無法大「橘」大利。柑橘幾乎不含澱粉，早採的椪柑甜度不會再提高，口感因而較酸，但市場售價較高。若等到年底天氣變冷再採收，不但味道較甜也更柔軟多汁。

　　台灣的椪柑酸甜適中，可少量出口日本、韓國、加拿大、東南亞，年產值約25億元。亦可榨汁、製果醬、果醋、罐頭、釀酒，只是不常見。

冬天盛產的椪柑。

皮薄易剝。

果肉膨鬆果心中空。

外果皮含油胞。

內果皮呈瓣狀。

- **識別重點**　常綠灌木，高約4公尺，枝條細而直立，無刺。單身複葉，互生，翼葉狹小。花白色，5瓣，芳香。柑果稍扁，果梗處常凸起，果頂常凹入。瓤囊9至12瓣，易分離，砂囊大，漿多味甜有香氣。種子少，約8粒。
- **別名**　有柑、凸柑、西螺柑。
- **英文名**　Ponkan、Citrus-Ponkan。

提早採收的青皮椪柑。

椪柑常開花於去年生新梢。

集中到籬筐中準備送到集貨場。

嘉義梅山的柑農採收椪柑。

柑橘屬	*Citrus sinensis*	產期　1.柳橙：11～2月 　　　2.晚崙西亞：3～5月 　　　3.臍橙：11～12月 花期　2～4月	柳橙：台南市、雲林縣（超過 1,500 公頃）； 晚崙西亞：台東縣（超過 400 公頃）。

橙類

　　原產於印度北部、中南半島及中國華南，十六世紀由波斯商人傳往歐洲，發現新大陸後引進中南美洲，衍生出許多的新品種，可分為甜橙、臍橙、血橙、無酸橙等大類。南歐、北非、南亞、中南美洲廣為栽培，鮮果產量以巴西最多，中國第二；西班牙出口最多，南非次之。芳香的花朵可提煉香精，為西班牙國花。

　　台灣最常見的品種是柳橙（柳丁），以雲林古坑為最大產地。酸度低，香甜多汁，主要供鮮食，近年來也用來製果汁，但盛產期常供過於求。進口的橙類大多為晚崙西亞（Valencia，晚崙夏橙）和臍橙，主要從加州進口，俗稱「香吉士」，其實香吉士為一間水果行銷公司。晚崙西亞的成熟期為第二年春季，屬於晚熟品種。果實稍大，甜度與酸度均高，香氣濃，是世界上最重要的品種，主供榨汁。台東縣東河鄉、成功鎮、花蓮鳳林等有少量栽培。

　　臍橙發現於巴西，發揚於美國。果頂有一個肚臍眼，俗稱「肚臍丁」。芳香肉軟無種子，適合鮮食。台東成功、東河、台中東勢、南投水里有少量栽培。

　　橙類的年產量7,300萬公噸，是世界上產量最大的常綠性木本果樹，大多加工成柳橙汁或濃縮果汁，以巴西的輸出量為最多。

甜橙開花，白色，4至5瓣，芳香。

果頂有肚臍狀的凹痕。

加州進口的臍橙，甜度與酸度均高，香氣濃。通常無種子。

臍橙的果頂形成副果。

‧**識別重點**　常綠喬木，枝幹上有或無刺。單身複葉，互生，有小型翼葉。花白色，4至5瓣，芳香。柑果，瓤囊9至12瓣，成熟橙黃色。

‧**別名**　橙、柳橙、柳丁、香丁、印仔柑。

‧**英文名**　Orange；1.柳橙：Sweet Orange、Liuchen；

　　　　　　2.晚崙西亞：Valencia Orange；

　　　　　　3.臍橙：Navel Orange。

血橙，果肉深紅色（澳洲墨爾本）。

晚崙西亞又名「香丁」，屬於晚熟品種，開花、結果同時可見（台東東河）。

台灣最常見的甜橙品種為柳丁。

嘉義大林一帶的柳丁園。

柑橘屬	*Citrus* × *tangelo* "Murcott"	產期 1～2月 花期 2～3月	台中市、雲林縣（以上為超過 400 公頃）。

茂谷柑

為美國邁阿密農業試驗所由「寬皮柑」與「甜橙」人工種間雜交育成的水果。美國、巴西、以色列、中國與澳大利亞均有栽培，為世界聞名的雜交柑橘。日本長崎、佐賀、愛媛等縣常栽培於塑膠布溫室中，並自澳大利亞進口鮮果。

1971 年由美國佛州引進台灣，中文名稱是由Murcott音譯而來。春天開花，果實冬季成熟，屬於較晚成熟的品種。果形寬扁，果皮油亮，相當討喜。果皮薄而不易剝，耐貯藏。口感密緻而甜軟多汁，糖酸比高，風味濃厚，建議切開享用，適合鮮食。

嫁接繁殖為主，可高接於桶柑、柳橙植株上，屬於甜度、產量、單價三高的柑桔，中北部栽培愈來愈多，尤以雲林、台中最多。但容易裂果與晒傷，適度疏果可以減少裂果。冷涼季節因為胡蘿蔔素容易呈現，充分成熟後為亮麗的橙紅色，為農曆年間很受歡迎的送禮水果。亦可榨汁、製果醋或釀酒。

嘉義大林的茂谷柑果園。

成熟轉色中的茂谷柑。

· **識別重點** 常綠小喬木，多分枝，高2至4公尺。單身複葉，互生。開於葉腋或枝稍，白色，5瓣，芳香。柑果，果徑約7至8公分，囊瓣10至15。種子約18粒。

· **英文名** Murcott、Honey Tangerine、Honey Murcott。

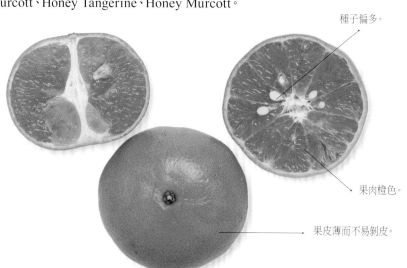
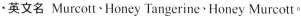

種子偏多。

果肉橙色。

果皮薄而不易剝皮。

柑橘屬	*Citrus tankan*	產期　12～4月 花期　2～4月	桶柑：新竹縣（超過 1,400 公頃） 海梨柑：新竹縣、苗栗縣（以上為超過 200 公頃）。

桶柑

　　原產於中國廣東，屬於橘橙（Tangor，寬皮柑和甜橙的天然雜交種）的一種。相傳嶺南地區的柑農常把它裝入筐籬運售，故稱為桶柑，以中國為最大產地，英文名字tankan是由中名音譯而來。日本、鹿兒島、沖繩也有少量栽培。

桶柑開花，潔白芳香。

　　春天開花，冬至前後採收，品質最好的通常會貯存到農曆年前才釋出，價格高昂，為貢桌上常用的祭品，也稱為「倉柑」。肉質緊密，耐運輸貯藏，年產值約13億元。植株較耐低溫而好潮溼，中北部適合栽培，以新竹縣為最大產地，產量約占全台45％。陽明山周邊因為火山土壤特別肥沃，生產的桶柑十分有名，又叫「草山柑」。南部高溫而乾燥，桶柑色澤、品質較差，因此栽培不多。

轉色中的桶柑。

　　新竹芎林、關西、苗栗卓蘭等地另有「海梨柑」，屬於桶柑的品種之一，它的葉片較大，果實稍小，果汁較少，香味不濃酸味偏低，種子較多，產期較早約一個月。

　　桶柑也可以做成果汁和果瓣罐頭，但不常見。海梨柑則全部供鮮食。

- **識別重點**　常綠灌木，高約3公尺，葉腋偶有小刺。單身複葉，互生，葉翼不明顯。花白色，5瓣，芳香。柑果，瓤囊10至12瓣，種子1至5顆。海梨柑種子稍多。

- **別名**　年柑、草山柑、蕉柑。

- **英文名**　Tankan、Tangor、Citrus-Tankan。

桃園大溪的海梨柑。

大春桶柑幾乎無種子，也叫「無籽桶柑」。

柑橘屬	1. 台灣香檬：*Citrus depressa* 2. 溫州蜜柑：*Citrus unshiu* 3. 弗利蒙柑：*Citrus reticulate* 4. 明尼橘柚：*Citrus reticulata × Citrus paradisi* 5. 艷陽柑：*Citrus reticulate*	1. 台灣香檬：6～8月 2. 溫州蜜柑：10月 3. 弗利蒙柑：10～1月 4. 明尼橘柚：12～2月 5. 艷陽柑：12月成熟，1～2月盛產	台東縣、花蓮縣、嘉義縣（以上為超過100公頃）。

其他柑橘屬水果

　　柑橘類為世界性重要水果，品種極多，簡介台灣可見之部分品種：

　　台灣香檬：原產於台灣中南部、日本沖繩也有栽培，也稱為「扁實檸檬」。果皮富含川陳皮素（Nobiletin），有益身體健康，深受日本人喜愛，可榨汁調味；葉片具香氣，可當肉類佐料。屏東麟洛一帶有業者與農民契作栽培約60公頃，主要產期為夏天（綠熟期），酸度高，製成茶包或原汁外銷日本或供應國內市場，可沖泡稀釋飲用。

台灣香檬開花（福山植物園）。

　　溫州蜜柑：最早發現於日本九州，並非中國溫州，為溫州早橘（自中國浙江引進）之變異種，英名Satsuma Mandarin。日本最主要之柑橘，衍生的品系極多，西班牙、中國、韓國、美國、阿根廷、紐西蘭、澳大利亞也有栽培。台中、台東、宜蘭有種植，成熟期10月。無籽而易剝皮，可鮮食、製罐或榨汁。

　　弗利蒙柑：為美國雜交育成之早熟寬皮柑，英名Fremont。果皮成熟時深橙紅色，10至1月採收。除供鮮食，並可當作盆栽觀果，台灣各柑桔產地少量栽培。

台灣香檬常在綠熟期採收，日語稱為「青切」。

　　明尼橘柚：為寬皮柑與葡萄柚的雜交種，英名Minneola Tangelo、Honeybell。果皮鮮紅又名「美人柑、紅柑」。美國加州、亞利桑那州、佛州、以色列、南非、阿根廷都有栽培。果肉柔軟多汁，橙色，12至2月成熟，有香氣。嘉義梅山、雲林古坑、台東長濱有種植。

　　艷陽柑：為美國佛州雜交育成的品種，果實10月轉色但直到12月才成熟，1至2月盛產，英名Sunburst。果實稍小，果色豔紅，果肉橙色，易剝皮，風味濃。美國佛州、澳大利亞有栽培，台灣雲林、嘉義有生產，又稱為美國桶柑。

成熟的的台灣香檬，扁球形。

日本盛產的溫州蜜柑。

弗利蒙柑鮮麗誘人，果重100至150公克。

明尼橘柚的果實洋梨形，易與其他柑橘區別，又名美人柑。

日本東京的各式柑橘。

艷陽柑果重100至150公克，扁球形。

四季橘屬	× *Citrofortunella mitis*	產期　全年，7～1月最多 花期　全年，2～8月較多	屏東縣（超過 100 公頃）。

四季橘

　　原產於東南亞，為寬皮柑（*C.reticulate*）與金柑屬（*Fiortunella*）之屬間雜交種。以泰國、菲律賓、越南栽培較多，其果汁為當地餐飲常用的酸性調味料。中國、日本也有引進栽培。

　　果皮薄、果肉多汁而酸味強，極少鮮食，大多作為盆景及庭園觀賞樹，並為柑桔之矮化砧木之一。近年來金桔飲料需求量大，全台各縣市多有栽培，年產量三千多公噸，以屏東縣九如鄉、長治鄉合計的占四成為最多。開花性強，四季可見結果，但春季產量較少價格較高，9至11月修剪後促進萌梢開花，可生產2至5月春果，提高收益。

　　果實於綠熟至黃熟期間均可採收。可榨汁，混合檸檬汁、蜂蜜成為金桔檬茶，並可代替檸檬去除海鮮料理之腥味。亦可加工成濃縮果汁、果醬、涼果、果醋或蜜餞，乾燥磨碎後可製茶包。果皮具抗氧化能力，具有萃取應用的潛力。

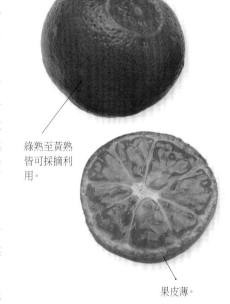

綠熟至黃熟皆可採摘利用。

果皮薄。

果實圓球形。

種子6至10粒，胚綠色、多胚性。

黃熟的四季橘。

- **識別重點** 常綠灌木,高1至3公尺,枝上有小刺。單身複葉,翼葉小,葉形較短圓,具波狀鋸齒緣,葉脈不明顯。花白色,5瓣,芳香。柑果,圓球形,直徑2至3.5公分,果面光滑,成熟時橘黃色,瓤囊6至7瓣。
- **別名** 四季桔、金桔。
- **英文名** Calamondin、Calamondin Orange。

盆栽四季橘,為過年常見的吉祥植物。

屏東九如的四季橘果園。

果實圓球形,綠熟即可採收。

四季橘可以全年開花。

等待榨汁加工的四季橘。

黃皮果屬	*Clausena lansium*	產期　6～8月 花期　3～5月	零星栽培或觀賞

黃皮

　　原產於中國南部、緬甸，為華南著名的果樹，因成熟時果皮帶黃色而得名，以廣州市與汕頭市產量最多，東南亞、印度、美洲、澳大利亞也有少量栽培。台灣中南部庭園、校園零星可見。

　　春天開花，果實於夏天成熟，圓球形、卵圓形或雞心形，表面密生短毛茸，數十顆集合成串，果肉淡黃白色，有特殊香氣。

　　可分為甜黃皮和酸黃皮兩大類，早期引進的大多為酸黃皮，適合加糖調製成果汁、果醬或晒成果乾，栽培不普遍。甜黃皮的果肉酸甜多汁，風味佳，適合鮮食，以雞心種最為著名，並有單籽或無籽品種，已有果農引進推廣栽培。

　　葉片、樹皮、果實、種子都可入藥，具止咳化痰、健胃開脾等效，並有「飢食荔枝，飽食黃皮」的說法。藥材用的黃皮主要產自廣西、雲南和四川。

常綠小喬木，高4至9公尺。

數百朵花集合成圓錐花序。

果實以卵形較常見。

果肉半透明。

· **識別重點** 常綠小喬木，高4至9公尺，無刺。奇數羽狀複葉，互生，小葉5至11枚，長4至15公分，葉緣具波浪形細鋸齒。圓錐花序，開於枝梢或葉腋，花5瓣，白色。花與葉均帶有異味。漿果，直徑2至3公分，成熟時土黃色或古銅色，酸甘多汁，種子1至4粒。

· **別名** 黃柑、黃枇、黃罐子、黃彈。

· **英文名** Wampee、Wampi。

羽狀複葉，小葉5至11枚，葉緣鋸齒。

花5瓣，白色，雄蕊10枚。

夏天成熟的黃皮。

果實黃、橘或棕色，因品種而異。

黃皮為食療兼備的水果。

金柑屬	*Fortunella marginata*	產期　11〜2月 花期　4〜6月較多	宜蘭（超過 200 公頃）

金柑

成熟的金柑

　　原產於中國長江流域及浙江、福建一帶，以中國栽培歷史最久，產量也最大。十九世紀傳入日本與歐美，常種於庭院中觀賞，結果枝可當作聖誕節飾品，並為柑橘抗寒、抗病之育種親本之一。

　　在台灣，46%的金柑產自宜蘭縣員山鄉，其次為礁溪鄉約佔38%。最常見的品種是長果金柑，樹勢強健，產量高，果實橢圓形，俗稱「金棗」。每年抽梢數次，春夏之際開花最多。入冬後果實逐漸轉色，可依轉色程度分批剪下。

　　果肉極酸，果皮甘甜，風味異於其他水果。常糖漬成蜜餞（金棗糕），有止咳潤喉之效，為蘭陽特產，製成果醬、金棗糖、鹹金棗、桔餅也很受歡迎。另有圓實金柑（皮薄，觀賞為主）、長壽金柑（燈泡金柑，果實較大），以及糖度較高的寧波金柑等，但不常見。

家父採收金柑。

　　枝葉終年常綠，花朵潔白芳香，果實玲瓏可愛，為農曆年熱門的吉祥植物。

· **識別重點**　常綠灌木，高1至3公尺，枝上有小刺或無刺。單身複葉，翼葉小或無，葉片較細長。花白色，5瓣，花瓣較短，芳香。柑果，圓、橢圓或卵形，成熟時橘黃色。

· **別名**　金棗、金橘、牛奶柑、桔仔。

· **英文名**　Kumquat。

金柑開花，芳香怡人。

果實橢圓形。

翼葉不明顯。

果重15至25公克，瓢囊3至7瓣。

種子2至4粒。

枸橘屬	*Poncirus trifoliata*	產期　9～12月 花期　4～5月	零星栽培當砧木

枳殼

　　《晏子春秋》有一則故事：將南方的橘子樹移植到淮河北方，因為氣候環境改變，橘子樹會變成枳樹，這就是成語南橘北枳、橘化為枳的由來。其實「橘」和「枳」是不同的果樹，枳最為耐寒，嫁接橘芽後，冬天下雪橘芽凍死，來春只有枳發芽，因而古人誤認為變成枳樹。

　　枳又稱枳殼，原產於中國長江流域，北起河北、山東，南至廣東、廣西都有栽植，並傳入日本、韓國，歐洲、美國東南部亦有引進。台灣栽培不多，台北植物園成語植物區曾栽培，但103年已枯死。枝幹帶刺，被古人視為「惡木」，國外則常列植後當作綠籬，或修剪成矮籬。冬天葉片落盡，春天先開花再長葉，可培養為盆景或觀賞植物。果實稱為枳實，香氣濃而味酸多籽，果肉不多，甚少鮮食。果皮陰乾或烘乾後可入藥，有行氣寬胸、健脾消食等效。

　　枳殼對黃龍病、柑橘線蟲、疫病具有抗性，可做為茂谷柑、椪柑、檸檬的嫁接砧木。並可與葡萄柚、甜橙、檸檬雜交，成為枳柚（citrumelo）、枳橙（citrange）和枳檸檬（citremon）等新品種果樹。

- **識別重點**　落葉性灌木，高2至4公尺，枝上有刺。三出複葉，互生，落葉前變黃或橘色，小葉鋸齒緣。花單生，白色，5瓣，芳香。柑果，球形，表面有茸毛，成熟時黃色，瓤囊6至8瓣，種子10餘粒。
- **別名**　枸橘、枳。
- **英文名**　Three-leaf Orange、Hardy Orange。

枳殼開花，5瓣（日本東京）。

枳殼結果情形。

總葉柄有翼狀翅。

枝上有小刺。

三出複葉。

果徑2至4公分，果肉不多。

果面有絨毛。

龍眼屬	*Dimocarpus longan*	產期　7～10月 花期　2～4月	台南市、台中市、高雄市（以上為超過 1,700 公頃）。

龍眼

　　中國華南至越南北部原產，為中國南方的特產，目前產量以泰國居世界第一，越南、菲律賓、印度亦有少量栽培食用，美洲、非洲、大洋洲、日本沖繩、鹿兒島等溫暖地區多有引進，並由農技團輔導多明尼加等邦交國繁殖推廣。

　　花芽分化期需要低溫乾燥，暖冬或陰雨會影響開花及產量，並具有隔年結果的特性。深根性，耐旱耐瘠，種子落地後發芽率高，嫁接存活後管理容易，中南部山坡地普遍栽培，尤以台南市最多，栽培面積約占全台35%，東山區最大產地。

　　主供鮮食，並烘焙龍眼乾或剝製龍眼肉運銷各地，北方人視為滋補佳果。漢朝時為南方之貢品，因夏天高溫果實易酸壞，民夫長途運送苦不堪言，皇帝體恤民情乃下詔停止。現在因為冷藏保鮮技術進步，低溫處理的鮮果已可外銷美國、加拿大，龍眼肉也已經開放進口。亦可釀酒、製成糖水罐頭，但不常見。花朵清香富含蜜液，釀成的龍眼蜜極受歡迎。種子磨粉名為「驪珠散」，為止血癒傷良藥。

假種皮味甜多汁。

羽狀複葉，小葉2至6對。

種子渾圓黝黑，狀似龍之眼睛，故名。

龍眼乾（去殼）。

龍眼肉。

帶殼。

花五瓣,芳香。

・**識別重點** 常綠喬木,高可達20公尺。羽狀複葉,小葉2至5對。圓錐花序,開於枝梢,每花序有800至3,000朵花,花5瓣,芳香。核果,黃褐色,果肉(假種皮)半透明狀。種子黑褐色。

・**別名** 桂圓、福圓、荔枝奴、木彈、亞荔枝。

・**英文名** Longan。

烘焙晒乾的龍眼乾。

泰國曼谷的龍眼。

筆者的外公上樹採收龍眼。

自開花到果實成熟須150至180天。

荔枝屬	*Litchi chinensis*	產期　5～7月 花期　2～3月	高雄市、台中市、南投縣（以上為超過 1,300 公頃）。

荔枝

　　原產於中國華南至越南北部，自古即為中國特產。印度、印尼、孟加拉、東南亞、以色列、澳洲昆士蘭、馬達加斯加、模里西斯、南非、西班牙、美國夏威夷、佛州、古巴、巴西等也都有引進，論品種、品質和產量仍以中國為首，台灣緊追在後，並有不少為嘉義農試所自行雜交培育的新品種。

　　荔枝花芽分化時需要低溫乾燥，冬雨不利於開花及結果，因此主要產地為中南部，以高雄市栽培最多，大樹區的種植面積約占18%是全台最大產地。

　　鮮食為主，冷藏或冷凍可外銷美國、日本、韓國、加拿大、東南亞、智利。亦可烘焙成荔枝乾、釀酒、製罐頭、果汁飲料、蜜餞、冰沙或冰淇淋，只是都不常見。開花時會吸引蜜蜂授粉，荔枝蜜是台灣產量最大的蜂蜜，但因儲存期間容易產生結晶，知名度不如龍眼蜜。荔枝蜜的風味頗佳，適合作抹醬。

荔枝果熟露紅暈。

黑葉荔枝，為台灣最常見的品種，產量也最多。

・**識別重點** 常綠喬木，常矮化成2至3公尺高。羽狀複葉，互生，小葉2至3對。圓錐花序，生於枝梢，無花瓣。核果，開花後80至100天成熟，成熟時紅色，假種皮甜美多汁，白色而略透明。種子1粒。

・**別名** 離枝、丹荔、麗枝。

・**英文名** Litchi、Lychee。

小葉有時奇數。

羽狀複葉，小葉2至4對。

糯米糍，種子極小，稱為「焦核」。

果色粉紅至暗紅，果棘深淺因品種而異。此為玉荷包荔枝。

果粒超級大的鵝蛋荔。

果農整理採收的荔枝。

圓錐花序，花朵無花瓣。

紅毛丹屬	*Nephelium lappaceum*	產期　6～8月、11～3月較多 花期　2～4月、6月、8～9月為主	嘉義中埔、屏東高樹。

紅毛丹

　　原產於馬來半島、蘇門答臘，為南洋著名的熱帶水果，中國嶺南自古亦有產，稱為「韶子」。以泰國生產最多，冷藏保鮮後外銷各國。印度、斯里蘭卡、中國海南、澳洲、夏威夷、非洲、中美洲也有種植。日治時代至今曾多次引進，因繁殖率不高，至今不普遍。

　　果皮具鉤狀軟刺，馬來語稱為Rambut，意思是「毛髮」。成熟果實紅色，並有黃毛或綠毛品種。果實直徑約5公分，果肉（假種皮）半透明，風味似荔枝，果肉黏核（和種子不易分開）或離核。近年來泰國、越南的紅毛丹因病蟲害檢疫問題禁止進口，國產紅毛丹益顯珍貴。嘉義中埔豐山果園、屏東高樹大津農場是少數量產紅毛丹的農家，每屆產期供不應求，並提供電話預訂與宅配服務。

　　甜酸適度，以鮮食最佳，採後1至2天即變色故須冷藏保鮮。在東南亞常製成罐頭，例如內包鳳梨的糖水罐頭，美稱為「龍鳳果」。亦可做果醬、蜜餞、果凍、果酒。

結實纍纍的紅毛丹。

紅毛丹的圓錐花序。

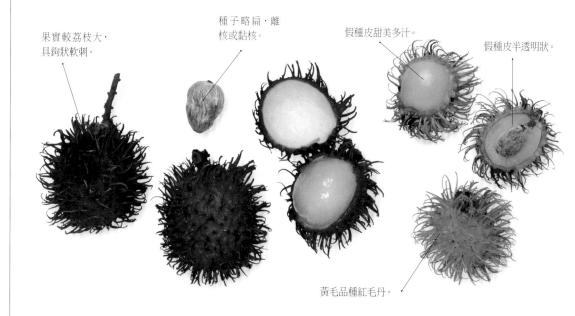
果實較荔枝大，具鉤狀軟刺。

種子略扁，離核或黏核。

假種皮甜美多汁。

假種皮半透明狀。

黃毛品種紅毛丹。

·**識別重點** 常綠性喬木，高4至10公尺，偶數羽狀複葉，互生，小葉2至4對，葉形比荔枝大。圓錐花序，生於枝梢。核果，較荔枝大，圓或橢圓形，成熟時紅、粉紅或黃色，假種皮甜美多汁。種子略扁，1粒。

·**別名** 韶子、毛龍眼、毛荔枝。

·**英文名** Rambutan。

羽狀複葉，小葉偶數。

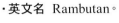

剛發芽的紅毛丹幼苗。

春至夏季開花，圓錐花序（左：雌花；右：雄花）。

剛採收的紅毛丹。

黃毛品種紅毛丹，滋味不輸紅毛品種。

番龍眼屬	*Pometia pinnata*	產期 7～8月 花期 3～5月	中南東部零星栽培

台東龍眼

原產於斐濟、新幾內亞等太平洋熱帶島嶼、印尼、馬來西亞、新加坡等地，為雨林溪谷的優勢樹種之一，成年樹在樹幹基部會形成板根。中國雲南、斯里蘭卡、台灣蘭嶼亦有野生，但也有學者認為蘭嶼的台東龍眼最初可能是由原住民自菲律賓民丹島引進。

春末開花，圓錐花序彎尾狀。綠熟果外觀似土芭樂而剝開來像龍眼，俗稱「芭樂龍眼」。成熟果黃綠或黃褐色，直徑3至4公分，半透明的假種皮（果肉）甜美多汁，可惜種子大果肉少，易落果，應即時採收，避免果肉酸壞。產期短，產量不高，市面上並無販售。蘭嶼的達悟族人會將小樹苗培養成為果樹，既方便採收果實，將來還可伐木製舟，為拼板舟船底龍骨的首選之材，並供建築、製作器物、薪柴，用途廣泛。

台灣中南部、東部校園、庭院、公園零星栽植為觀賞樹，當作水果則不多。當您在夏天造訪蘭嶼，若有機會，別忘了嘗嘗這種深具特色的野生水果喔！

核果，直徑3至4公分，每串的結果量不多。

台東龍眼植株，蓊鬱多蔭。

成熟易落果。

果肉薄、易酸壞。

果殼厚約0.1公分。

種子大。

- **識別重點** 常綠喬木，高可達10餘公尺。一回偶數羽狀複葉，互生；小葉8至22枚，近全緣或疏鋸齒緣，葉形歪斜，長15至20公分。圓錐花序著生於葉腋或枝梢，花乳白色，5瓣，雄蕊細長，花藥紅色。核果球形，種子1粒。
- **別名** 芭樂龍眼、番龍眼、蘭嶼龍眼。
- **英文名** Fiji Longan、Langsir。

台東龍眼開花。

羽狀複葉，小葉8至22枚，近全緣或疏鋸齒緣，葉形歪斜。

圓錐花序彎尾狀，開於枝梢或葉腋。

星蘋果屬	*Chrysophyllum cainito*	產期　11～5月 花期　7～3月	中南部零星栽培

星蘋果

　　原產於中南美洲與西印度群島，美國、墨西哥、夏威夷、中國華南、東南亞、印度、斯里蘭卡亦有栽培，為東南亞常見、越南人喜食的高級水果。日治時期先後自夏威夷、新加坡引進，中南部零星栽培。

　　因橫切後的果心呈角狀星形而得名。可扦插、嫁接或高壓繁殖，約2年後即可開花。屬於蟲媒花，花謝後4至5個月果實成熟。未熟果含有黏性乳狀物，成熟後黏性與澀味消失。可概分為黃綠、紫紅兩種果色，一般以紫紅色的甜度較高，目前也有接近600公克的大果品種。採收後經5至7日後熟方變軟可食，果肉白或淡紫色，香甜滑嫩，呈漿狀，含有乳汁與牛奶香，在東南亞又名「牛奶果」。可鮮食，用湯匙挖取、切片或削皮均可，亦能切丁與芒果、鳳梨一起食用，或混合檸檬、甜橙榨汁，也可製冰淇淋、甜點。

- **識別重點**　具乳汁的常綠中喬木，高5至15公尺，枝條下垂狀。嫩葉及嫩芽密布金褐色帶有光澤之毛茸。單葉，互生，卵狀橢圓形，長9至21公分，表面深綠色，光滑，全緣。花冠5至6裂，淡黃色。漿果，球形或扁球形。種子1至6粒。

- **別名**　牛奶果。

- **英文名**　Star Apple。

當作庭園、校園、公園觀賞樹。

果實直徑5至10公分，成熟紫紅色或黃綠色。

葉片互生。

葉背密佈金黃色茸毛，帶有光澤。

直徑小於1公分，花6至30朵簇生於葉腋。

| 神秘果屬 | *Synsepalum dulcificum* | 產期 全年，4～7月較多
花期 全年，2～5月較多 | 高雄、彰化較多，全台零星栽培。 |

神祕果

　　原產於非洲迦納至剛果一帶，1970年代由迦納送贈給來訪的周恩來，再轉交給雲南的熱帶作物研究所推廣繁殖。早期被中國、西非各國視為國寶級植物禁止出口，剛引入台灣時苗木、果實都很貴，現已普及，各地零星栽培。

　　紅熟的果實無甜味，含有Miraculin（神秘果蛋白），附著在舌頭上可改變味蕾，讓酸溜溜的檸檬變成甜蜜蜜，此「麻痺」現象可維持30分鐘以上，直到味蕾恢復正常。但若咬破神秘果的種子釋出苦味，則會「破功」，讓檸檬甜不起來；未成熟之綠色果實也沒有變味效果。國內已有業者供應鮮果，並打製果汁、果粉或萃取製成錠劑。在醫學上，神祕果可滿足糖尿病患者嗜吃甜食的慾望，因而減少糖的實際攝取量。在食品加工上，可作為酸性食物的增甜劑。在原產地，神秘果用於棕酒之調味。

　　新鮮種子容易發芽，久置乾燥將喪失發芽力。幼苗生長緩慢，實生苗約需4年才會開花。性喜溫暖，中南部開花結果正常，適合植於庭院或盆栽觀賞兼採果。

神秘果開花。

神秘果結果。

- **識別重點**　常綠灌木，高1至2公尺，葉叢生枝端，倒披針形，長5至8公分，全緣，中肋明顯。花5瓣，白色。漿果，橄欖球形，柱頭常宿存。果肉層極薄，白色，種子褐色，1粒。
- **別名**　變味果、蜜拉聖果、西非山欖。
- **英文名**　Mysterious Fruit、Miracle Fruit、Micaculous Berry。

葉片倒披針形，全緣，無毛。

葉業生枝端。

成熟的果實紅色，長約2公分。

花單生或簇生於葉腋。

蛋黃果屬	*Lucuma nervasa*	產期　12 ～ 4 月 花期　5 ～ 6 月	嘉義縣較多

蛋黃果

　　原產於美國佛州、古巴、祕魯的常綠果樹，中南美洲、印度東北部、東南亞、中國南部也有引進栽培。日治時期由菲律賓引進，中南部零星栽培，北部雖可結實但產量不多。

　　成熟時果皮轉為橙黃色，外形似桃，俗稱「仙桃」，可採下食用兼觀賞，並為供桌佳品。剛摘下的果實十分堅硬，在果蒂上塗抹鹽巴，或是和數顆蘋果一起放在塑膠袋中，利用自然產生的「乙烯」促使後熟，3至5天即變軟可供食用。

　　果肉粉黏，柔軟疏鬆而汁液很少，類似煮熟的雞蛋黃，帶有香氣，甜味不足，一般消費者接受度不高，市場上不常見。部分植株的果肉味道較甜，口感較佳。除了鮮食，亦可加牛奶打成果汁、製成果醬，只是都不常見。

　　在國外，尚有許多同屬的優良水果，果皮成熟時黃、紅、綠、紫或黑色，口感好甜度較高品質佳，有引進推廣空間。

採下須再後熟才會變軟。

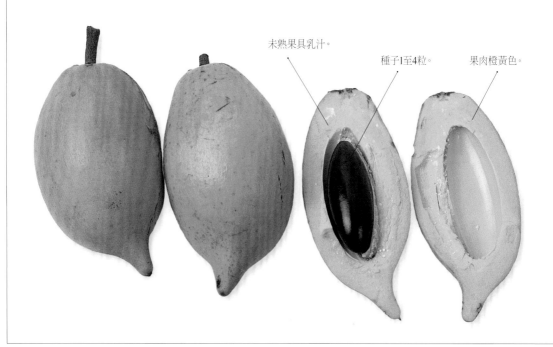

未熟果具乳汁。

種子1至4粒。

果肉橙黃色。

・**識別重點** 具乳汁的常綠小喬木，高3至8公尺，乳汁具黏性。單葉，互生，兩面均光滑無毛。花單生或簇生於葉腋，壺形，6瓣。漿果，成熟時果皮及果肉為橙黃色。種子1至4粒。

・**別名** 仙桃、蛋果、雞蛋果。

・**英文名** Egg Fruit、Canistel。

葉片兩面光漬無毛。

未轉色的蛋黃果。

菜市場販售的蛋黃果，充分後熟果皮鬆軟。

果熟期12至翌年4月，雖然變黃了，卻是硬的，採下須後熟方可食用。

5至6月開花，單生或簇生於葉腋，壺形。

人心果屬	*Manilara zapota*	產期　3 ～ 11 月，夏季為主 花期　4 ～ 12 月	嘉義市、嘉義縣、高雄市、台南市。

人心果

　　原產於墨西哥南部、瓜地馬拉、宏都拉斯的常綠喬木，巴西、夏威夷、印度、東南亞、菲律賓、中國華南也有生產栽培。樹體含乳白色膠汁（chicle），為口香糖原料之一，樹幹經刻劃、收集乳汁、煮沸、凝固後包裝運往工廠，再加入薄荷、香料、糖、色素加工調配即成。但目前的口香糖大多是合成樹膠製成。

泰國曼谷的人心果，果肉較紅，一樣很甜。

　　台灣的人心果於日治時期引進，主要是當做水果吃。閩南語俗稱「查某李仔」，是由英名「Sapodilla」音譯而來。中南部零星栽培，以嘉義縣市最多，但全台總栽培面積不足14公頃。剛摘下時果實硬而澀，室溫下後熟4至7天等果肉變軟、變甜、變香即可食用。富含甜汁，但石細胞較多，有沙粒般的口感，市場上不多見，有些人也不喜歡吃，市場接受度有限。除了鮮食，也可以做成果醬、冰淇淋、果汁。樹形優美，終年常綠，可當作觀賞植物。

種子3至5粒。

果肉切開易褐變。

人心果葉面光滑，全緣。

- **識別重點**　常綠喬木，高3至10公尺。葉片常生於枝端，葉面光滑，全緣。花著生於靠近枝梢的葉腋，花冠壺形，6瓣，白色。漿果，直徑5至10公分，外形略似馬鈴薯。種子黑色。
- **別名**　查某李仔、沙漠吉拉、吳鳳柿、糖膠樹。
- **英文名**　Sapodilla。

外形略似無毛的奇異果。

人心果結實，須經後熟才變軟。

人心果幼果。

花冠白色，壺形，花萼2輪。

桃欖屬	*Pouteria caimito*	產期　6～8月、2～4月較多 花期　11～12月	彰化以南至屏東、宜蘭。

黃晶果

　　原產南美洲亞馬遜河上游森林，中南美洲、夏威夷、菲律賓、新加坡、澳洲等有引進栽培，但商業生產仍不多。20餘年前即引進台灣，中南部、東部平原至低海拔山區零星栽培，經套袋保護的大型果品項極佳，單顆的價格可突破百元，媲美水蜜桃，目前已經比較平價。

　　屬於熱帶果樹，喜溫暖與溼潤氣候。夜間開花，大多靠夜行性的昆蟲授粉。未熟果綠色，成熟後轉為亮麗的鮮黃色。夏天於果面2/3轉色即可採收，冬天宜全黃再摘取。果肉乳白色半透明狀，切開後以湯匙挖取，口感有如果凍，滋味類似荔枝或釋迦，味甜而柔軟，可鮮食、製成冰品、水果沙拉。但汁液會黏手、果肉易褐化，滴入少許檸檬汁可防止變色。新鮮的種子易發芽，播種後2至3年的植株即可開花結果。

　　產量因株齡、品種而異，每株年產數十至上百果，果重250至450公克不等。套袋可預防果蠅叮咬並提高果皮光澤，增加果品價值。在國外，經由環狀刻皮及灌溉，可一年結果數次而幾近全年生產。

葉緣波浪狀。

切開的果肉易褐變。

果肉味甜而具黏性。

種子1至3粒。

- **識別重點** 常綠小喬木，修剪後高2至3公尺，樹體有白色乳汁。單葉，互生，長10至20公分，葉面略呈波浪狀。兩性花，單生或2至9簇生，4至5瓣，淡綠色。漿果，開花後2至3個月果熟，圓球、扁球或長球形，果頂凸尖。種子黑色，1至3粒。
- **別名** 加蜜蛋黃果、黃星蘋果、黃金果、水晶柿。
- **英文名** Abiu、Caimito。

成熟果為亮麗的鮮黃色，直徑6至12公分。

枝條細長，葉片互生。

農友幫黃晶果套袋。

黃晶果花開於葉腋。

未熟果綠色，直徑6至12公分。

桃欖屬	*Pouteria sapota*	產期　1～4月、6～9月 花期　5～12月	南部零星栽培

麻米蛋黃果

　　原產於古巴、墨西哥南部等中美洲熱帶地區。雖然果面醜如麻花，卻是非常受歡迎的水果，中南美洲、美國佛州、西班牙、以色列、東南亞、澳大利亞等國家都有引進推廣，零售價格極高。台灣南部也有愛好者試種。

　　可播種或嫁接繁殖。葉片極大，花朵顯得微小，能一邊開花一邊結果，花朵、幼果、成熟果同時俱存，在國外每株可結果100至200顆，產量頗多，但在台灣著果率似乎不高。果重因品種而異，小果型者如奇異果，大果型者宛如番薯，從開花到果實成熟採收需時1至2年。成熟時疣點逐漸消失，果肉轉紅，放置數天果肉軟化即可食用或冷藏保鮮約一星期。

　　果肉似紅肉木瓜，可切片或以湯匙挖取鮮食，製作水果沙拉、冰沙、奶昔、冰淇淋、餐後甜點，或混合香蕉、牛奶打成果汁，甜美而芳香可口，被譽為最美味的熱帶水果之一。富含維生素A、C、鉀與膳食纖維，在南美洲甚至有人視它為壯陽藥。

果重0.4至2公斤不等。

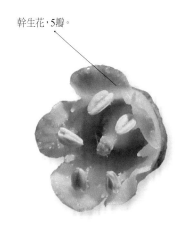

幹生花，5瓣。

果面有疣點。

- **識別重點** 常綠喬木，高3至10公尺或更高。單葉，互生，長可達40公分，全緣，葉脈明顯。花朵著生於樹枝或樹幹，黃白色，5瓣。漿果，卵圓形，長10至25公分。種子1至4粒，黑色。
- **別名** 麻美蛋黃果、馬米果、馬米杏、曼密蘋果。
- **英文名** Mamey Sapote、Mamey。

葉片常集中於枝端，果實褐色。

開花於樹枝或樹幹，屬幹花植物。

葉片寬大，長可達40公分。

| 茶藨子屬 | 1. 歐洲醋栗：*Ribes grossularia*
2. 美國醋栗：*Ribes hirtellum* | 產期　7～8月
花期　3～5月 | 台灣無栽培 |

醋栗

　　本屬的植物原產於北半球溫帶地區，有150種以上，十三世紀由法國開始選拔栽培。目前的年產量約16萬公噸，以德國佔51％為最多，俄羅斯、歐洲、紐西蘭也有栽培，中國黑龍江省、日本北海道、岩手縣少量生產。

　　大致分為歐洲醋栗和美國醋栗，前者樹形較矮小但果實較大，栽培較多。果肉半透明，1至3顆簇生如小燈籠，大陸上又名「燈籠果」。依品種不同，成熟時淡綠、紅、黃等色，果肉軟化即可採下生食或加工。富含蘋果酸、檸檬酸、維生素，甘酸多汁，日本稱之為「酸塊」，製成果汁、果醬、果凍、蜜餞、釀酒也都不錯。台灣未見進口。

歐洲醋栗開花（日本山梨縣）。

- **識別重點**　多年生落葉性灌木，高1至2公尺。葉基有1至3根銳刺。單葉，互生，掌狀3至5深裂，鋸齒緣，長1至2公分。花5瓣，反卷，白色，1至3朵開於葉腋。漿果，球形或橢圓形，果面有或無毛，直徑1至2公分。種子數粒。
- **別名**　鵝莓、茶藨子、燈籠果、酸塊、鵝莓醋栗。
- **英文名**　Goosebery1.歐洲醋栗：European Gooseberry；
　　　　　2. 美國醋栗：American Gooseberry。

成熟轉綠的品種（美國聖路易）。

成熟轉紅的品種（荷蘭萊登）。

甘酸多汁，果表有直條紋。

茶藨子屬	1.紅穗醋栗：*Ribes rubrum* 2.黑穗醋栗：*Ribes nigrum*	產期 7～8月 花期 3～5月	高冷地區零星栽培

穗醋栗

　　穗醋栗和醋栗為親源植物，主要差別是穗醋栗的枝條無刺，果實排列成串。國際間栽培比醋栗多，俄羅斯的產量獨佔六成，外銷量以西班牙居首。歐洲、中亞、紐澳、美國也有栽培。中國黑龍江省、日本北海道、青森縣少量生產。

　　大致分為黑穗醋栗、紅穗醋栗，大多由歐洲馴化育種而成，並能互相雜交。果實富含維生素C、花青素、鈣、鐵，香氣濃，酸甜多汁。

　　黑穗醋栗有莓果之王的美稱，果實較大，生長勢較強，二戰期間英國政府曾鼓勵民眾食用以補充營養，可鮮食、醃漬，或製果醬、優格、果汁，並可釀酒。

　　紅穗醋栗的果形比較小，口感較酸，可加工成果汁、果醬、果凍、果酒，並為西式糕點常見之裝飾配料。尚有果實淡黃色的白穗醋栗（white currant），粉紅穗醋栗（pink currant）。

・識別重點　落葉性灌木，高1至2公尺。單葉，互生，掌狀3至5淺裂，鋸齒緣。總狀花序，花5瓣。漿果，球形，成串。

・別名　1.紅穗醋栗：紅加侖；
　　　　　2.黑穗醋栗：黑加侖、黑佳麗。

・英文名　1.紅穗醋栗：Red Currant；
　　　　　　2.黑穗醋栗：Black Currant。

台灣栽培的紅穗醋栗。

白穗醋栗（德國柏林）。

果實成串的紅穗醋栗（英國倫敦波若市場）。

紅穗醋栗開花，花序極長（德國柏林）。

黑穗醋栗結果（德國科隆）。

黑穗醋栗開花花序較短（日本東京）。

樹番茄屬	*Cyphomandra betacea*	產期　4～11月 花期　1～6月	嘉義奮起湖較多

樹番茄

　　原產於南美洲安地斯山區，和番茄是不同屬的植物。紐西蘭已有經濟栽培並外銷，4至10月盛產；墨西哥、秘魯、葡萄牙、南美洲、日本、中國西藏、雲南、印度也有引進。因為外形似番茄卻結果在樹上而得名，也有農民因其果面橫切酷似名牌包的商標而稱為「GUCCI果」。台灣中海拔山區適應良好，奮起湖、瑞里、清境等風景區特產店有販售，其他地方較不常見。

　　大致分為黃色種和暗紅色種，以黃色種甜度較高，台灣栽培的大多是暗紅色種，成熟時宛如紅雞蛋，數顆一簇垂掛於細枝上，可食用兼賞果。表皮較苦通常去皮不用，糖度從果心向外遞減。甜中帶酸，口感比番茄結實，削皮、剖開用湯匙挖取，或捏軟再從尾端咬個洞直接吸吮，種子雖然比番茄硬，仍可連同果肉一起吞食。據店家表示：一般遊客的接受度不高，但也有人吃過後認為不錯，要求幫忙宅配。富含果膠、維生素C、鐵質，除了鮮食，亦可沾果糖、蜂蜜食用，或混合其他蔬果打成果汁，或製果醬、果凍、沙拉。並可入菜，熱水川燙後較易去皮。

　　樹番茄喜歡涼爽，平地栽培較不容易開花，在山區則可連續採收很多年。

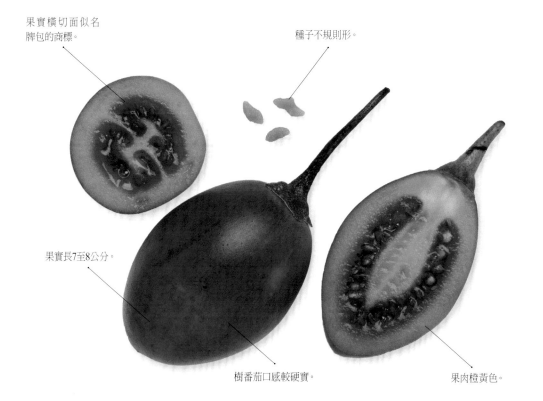

果實橫切面似名牌包的商標。

種子不規則形。

果實長7至8公分。

樹番茄口感較硬實。

果肉橙黃色。

・**識別重點** 多年生高大灌木或小喬木，高2至3公尺，全株有短柔毛。單葉，互生，長約30公分，寬約15公分，全緣，心臟形。聚繖花序，下垂狀，腋生。花色粉白至粉紅，5瓣。漿果，成熟時橘黃色或暗紅色，2室，卵形，長約6公分。種子多數。

・**別名** 洋酸茄、酸雞蛋、木本番茄。

・**英文名** Treetomato、Vegetable Mercury、Tamarillo。

成熟的樹番茄酷似紅蛋。

果實有縱斑紋，果梗約與果實等長。

奮起湖風景區販售的樹番茄，常綁成一串。

未成熟的樹番茄，尚未轉色。

番茄屬	*Lycopersicon esculentum*	產期　12 ～ 2 月盛產 花期　9 ～ 5 月為主	嘉義縣、台南市、高雄市、南投縣 （以上為超過 500 公頃）。

番茄

　　原產於南美洲安地斯山區，發現新大陸後引進歐洲，但遲至十九世紀才為人食用，並風行各大洲。可搭配魚、肉料理、醃漬或當做沙拉，年產量1億8,200萬公噸，高居蔬果界第一，中國超過全球三成為最大產地；墨西哥為最大出口國。

　　依用途分為食用、加工用兩大類。食用番茄有大、中、小果之別。在台灣以9月至翌年3月播種為佳，本葉4至5片定植並立支柱，定植後約一個月開花。大果番茄可在初轉紅時採收逐漸後熟，小果番茄則轉色才採收。嘉義、台南秋冬之際乾燥少雨，適合番茄生育，栽種最多。

　　加工用番茄毋需搭設支柱，適合機械採收。果皮較厚，汁液較少，可製作番茄汁、番茄醬或罐頭。台南七股、佳里平原地區栽培較多，但已減少很多。

　　番茄含有茄紅素、胡蘿蔔素、維生素A、B群、C和檸檬酸等成分，為高營養的蔬果，各國都很重視品種的改良。台灣以世界蔬菜中心（原亞蔬中心）和農友種苗公司的育種成果最為突出，農友公司的聖女型小番茄紅、橙黃色均有，甜美多汁，不論大人小孩都很喜歡。

果熟全紅色澤亮麗的茄紅番茄，俗稱「牛番茄」。

小果番茄，是台灣鮮食番茄的主流品種。

不同品種的番茄。

- **識別重點**　一或多年生草本，全株有細毛和腺毛，有特殊味道，多分枝。羽狀複葉，互生，葉緣羽狀裂。總狀花序，腋生，5至6瓣，黃色。漿果，花後4至6個星期成熟，紅、橙、黃、綠、紫、粉紅、白等色。種子扁平。
- **別名**　柑仔蜜、臭柿子、西紅柿。
- **英文名**　Tomato。

農婦採收小果番茄。

雲林縣莿桐鄉的大果番茄園。

串收番茄 (法國巴黎)。

加工用番茄通常未設支柱，果實紅透再採收。

番茄開花，黃色。

橙黃色小果番茄，甜度通常高於紅色品種。

| 苦蘵屬 | *Physalis peruviana* | 產期　2～6月為主
花期　11～4月 | 高冷地零星種植 |

祕魯苦蘵

　　苦蘵屬植物的漿果可摘採食用，經濟栽培的約有5種，外圍有燈籠狀的花萼，也稱為燈籠草、酸漿，台灣栽培的為祕魯苦蘵，原生於北美洲，巴西、祕魯、歐洲、日本、澳洲、紐西蘭、南非、肯亞等都有引進栽培，全株密被細柔毛，果實成熟時花萼褪為淡褐色，剝開後為直徑1至3公分的橘黃色漿果，切開後散發果香。維生素A為番茄4倍，鐵質為番茄2.5倍，維生素B群、C含量亦豐，糖度可達12至16度，為營養美味的水果。

　　台灣各地零星栽培，梨山、梅峰等農場均有種植；清境農場、嘉義達邦等亦能發現歸化自生的植株，野生植株的果形會比栽培者小，但酸甜多汁同樣可口。

　　性喜涼爽，平地栽培宜秋天播種，越冬後陸續採果，入夏後逐漸枯死；中海拔地區則可順利越夏，維管方法可比照番茄。可鮮食、製果醬，或水果沙拉、鹽漬、派餅，並為糕點裝飾水果，大型超市偶爾販售。

市民農園栽培的祕魯苦蘵。

成熟的橘黃色漿果。

外圍有蚊帳般的鐘形花萼，又稱「帶殼番茄」。

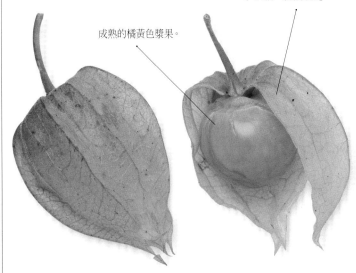

花朵基部有5個色塊與延伸的花紋，可和其他種的苦蘵區別。

- **識別重點** 一、二年生草本，高0.5至1.8公尺，全株被毛。單葉，互生，闊卵形或心形，不規則鋸齒緣，長6至15公分。花單生於葉腋，下垂狀，5瓣合生，黃色，雄蕊5枚，花藥黃色。果梗長1至2公分，漿果，外圍有宿存的鐘形花萼，5或10稜。種子百餘顆。
- **別名** 黃金莓、燈籠果、秘魯燈籠草、小果酸漿、好望角鵝莓、姑鳥。'
- **英文名** Goldenberry、Gooseberry Tomato、Cape Gooseberry、Dwarf Cape Gooseberry、Husk Cherry、Peru Groundcherry、Peruvian Ground Cherry、Strawberry Tomato。

花萼直徑3至4公分，具有葉脈般的維管束。

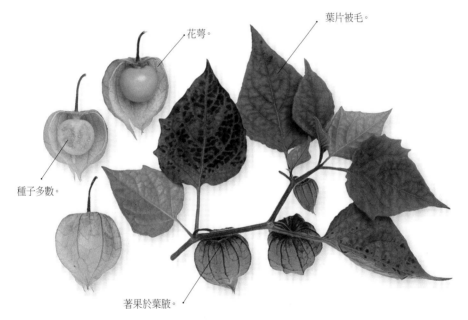

花萼。

葉片被毛。

種子多數。

著果於葉腋。

野生的祕魯苦蘵，果形偏小。

日本超市販售的盒裝祕魯苦蘵。

茄屬	*Solanum muricatum*	產期　12～5月 花期　11～4月	澎湖縣白沙鄉

南美香瓜茄

　　原產於南美洲哥倫比亞至智利一帶安地斯山區，屬於熱帶高地水果，中南美洲、日本、歐美等溫帶國家也有種植，紐西蘭每年1至4月並有鮮果出口。1984年自日本引進台灣，喜歡涼爽乾燥的氣候，中海拔山區可多年生栽培，低海拔除了盛夏高溫期外也可種植，以澎湖縣白沙鄉栽培較具規模，拉拉山、新竹關西馬武督、梨山、清境農場零星生產。

　　果實卵形、球形或橢圓形，未熟果淺綠或淡黃色，成熟後橘黃色，果皮極薄，表面有紫紅色條紋。果肉乳黃色，水分多酸味少，有甜瓜之香氣與風味，國外稱為「Melon Pear」。口感清淡甜度偏低，可生吃、炒食、煮湯、當作生菜沙拉，或混合鳳梨等水果打成綜合果汁。醫學研究發現其萃取物可降低人體氧化壓力及糖化作用，適合高血壓和糖尿病患者食用。澎湖農民於入秋後以有機方式栽培，稱為「楊梅」，產值相當高，被視為冬天的綠金作物。

　　南美香瓜茄富含維生素C、葉酸、菸鹼酸與礦物質等營養成分，熱量低，多吃有益健康。雞蛋造型般的果實可供觀賞，花市中偶有盆栽販售。

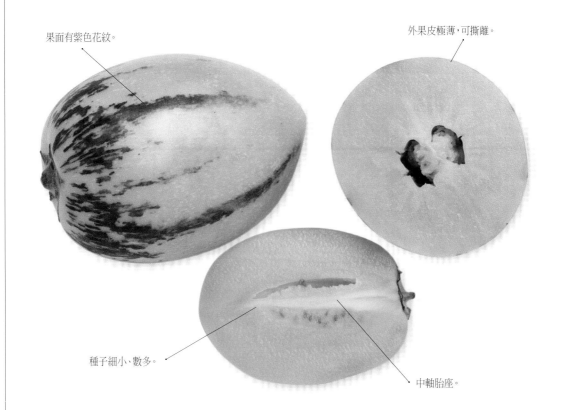

果面有紫色花紋。

外果皮極薄，可撕離。

種子細小、數多。

中軸胎座。

- **識別重點** 多年生常綠性草質灌木，多分枝，高0.6至2公尺。莖枝帶紫色，全株有短絨。單葉，互生，長橢圓形，全緣。總狀花序，腋生，花5瓣，白色，具淡紫色紋。漿果，果肉黃色，種子扁平。
- **別名** 香瓜梨、人蔘果、香瓜茄、香瓜李。
- **英文名** Pepino、Melon Pear。

花開於新梢葉腋，花5瓣，白色，具淡紫色紋。

漿果，外形似雞蛋，可食用兼觀賞。

不同花色的品種。

總狀花序，花梗花瓣均有短絨。

花市中盆栽販售的南美香瓜茄。

可樂果屬	1. 可樂果：*Cola nitida* 2. 蘇丹可樂果：*Cola acuminata*	產期 赤道區可全年結果，中國海南為 8～9 月 花期 赤道區可四季開花，中國海南為 11～1 月	台灣無經濟栽培

可樂果

　　可樂（Cola）是不含酒精的碳酸飲料，極為暢銷，名稱來自於基本原料之一：可樂果，因成本較高，現已改採人工香料及咖啡因萃取物來取代。

　　可樂果的應用部位是種子，紅色或白色。原產於西非熱帶雨林區，為當地特有的咀嚼食物，在慶典中可用來招待貴賓，類似台灣人以檳榔或泡茶待客。含有咖啡因，具苦味，食後會產生興奮感並減輕飢餓感，被用為強壯劑或興奮劑，但經常咀嚼牙齒會變色。在歐洲則用為恢復疲勞的藥劑。在野地，齧齒類似乎也喜歡咬食種子，常減低產量。

　　喜歡高溫多雨的氣候，除了非洲之外，印尼、印度、中國南方、巴西、哥倫比亞、牙買加等熱帶地區也有少量栽培。論產量向來以奈及利亞居首，約佔全球51%，其次為象牙海岸、喀麥隆、迦納、獅子山等國，主要產區仍為熱帶非洲。

　　可樂果屬的植物約有120餘種，用途大多類似，經濟栽培以可樂果、蘇丹可樂果最多，採收後取出種子，經發酵加工，再送到工廠萃取。台北植物園曾引進同屬的大葉可樂（*C. gigantea*），冬天的寒流並未造成傷害，2003年播種至今雖已長大但未曾開花，何時結果？值得等待。

蘇丹可樂果開花，花萼5片，星形，有紫紅色條紋（新加坡）。

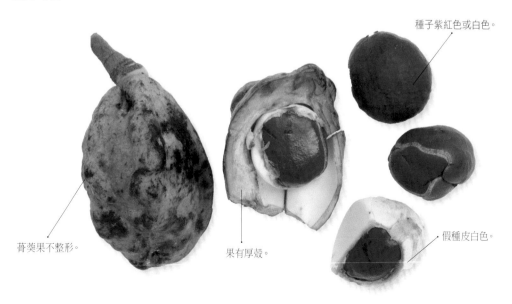

種子紫紅色或白色。

蓇葖果不整形。

果有厚殼。

假種皮白色。

- **識別重點** 常綠喬木，高5至12公尺，單葉，互生，有光澤。圓錐狀花序，生於葉腋。兩性花，無花瓣，花萼5片，白色，有紫紅色條紋。蓇葖果，長約15公分，三至五個並列呈星形，授粉不良則僅1至4果發育。內含7至10粒1.5至2公分長的種子。

- **別名** 可拉。

- **英文名** Kola、Kola Nut。

可樂果的葉片卵形，葉尾漸尖（新加坡）。

可樂結果，果皮有瘤狀突起（新加坡）。

果殼厚，而有短毛。

剛發芽的大葉可樂。

大葉可樂的種子外無肉膜。

台北植物園苗圃中的大葉可樂。

大葉可樂果面有短毛，成熟時咖啡色（新加坡）。

蘋婆屬	*Sterculia nobilis*	產期　7～9月 花期　3～5月	南投、彰化、嘉義較多。

蘋婆

　　原產於中國華南、菲律賓，中南半島、印尼、印度、斯里蘭卡，日本也有栽培，西方國家甚少種植。果實成熟裂開後露出黑色種子，又稱為「鳳眼果、鳳凰蛋」。農曆七夕為乞巧的祭品之一，又名「七姐果」。早期由先民引進台灣，中南部栽培較多。

圓錐花序，開花時如煙霧狀。

　　春天開花，皇冠狀的花朵70至200朵集生，盛開時宛如淡淡粉粉的煙火。夏天果實成熟轉紅，高掛枝頭猶如廟裡占卜的「杯筊」，並披著絨布般的短毛。主產期和龍眼接近，市場上不常見，偶有販售價格也較高，多半是農家自產自用。種子為不整齊橢圓形，水煮後剝去黑皮與內膜可見「蛋黃」般的種仁，可烤食、煮湯、糖漬或煮粥，原味、沾醬油、食鹽、蜂蜜均宜。富含澱粉，鬆軟的口感類似栗子或銀杏。

蘋婆銀耳湯，滋補養身。

　　樹性強健，病蟲害不多，嫩枝與嫩葉泛著紅色，可栽於庭院觀賞。刻傷樹皮或修剪可以調節花期，增加開花與結果量。葉片寬大，華南一帶曾用來包粽子，蒸煮後有特殊香氣。

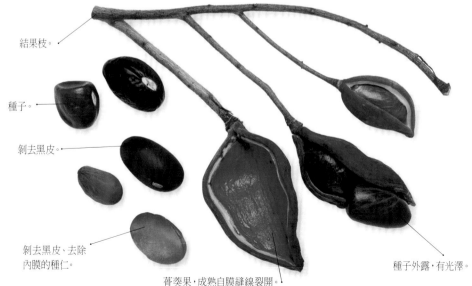

結果枝。

種子。

剝去黑皮。

剝去黑皮、去除內膜的種仁。

蓇葖果，成熟自膜縫線裂開。

種子外露，有光澤。

- **識別重點** 常綠喬木，高可達8至15公尺。嫩枝紫紅色，單葉，互生。圓錐花序，開於枝葉間或樹幹，無花瓣，花萼5裂鏤空如燈籠，淡黃白色，有短毛。蓇葖果，表面青紫色，成熟時鮮紅色。種子1至5粒，以2至3粒為主，帶光澤，黑褐色。
- **別名** 鳳眼果、潘安果、七姐果。
- **英文名** Ping-Pong、Ping-Pu。

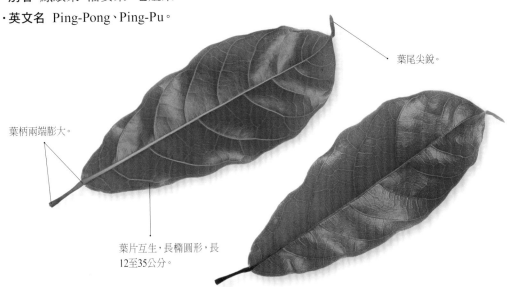

葉尾尖銳。

葉柄兩端膨大。

葉片互生，長橢圓形，長
12至35公分。

蘋婆未熟果，綠色。

成熟的種子易掉落，應分批採果。

可可屬	*Theobroma cacao*	產期　全年，以 3～6 月為主 花期　全年，以 9～3 月最多	屏東縣萬巒鄉、內埔鄉（超過 8 公頃）。

可可

　　原產於南美洲北部熱帶雨林區，果實似楊桃而無稜，果肉風味像釋迦但肉層薄，種子如花生仁而扁，俗稱可可豆（Cocoa bean），研磨沖泡後既苦又澀，為馬雅人喜歡的飲料。

　　哥倫布發現新大陸後，隨之而來的西班牙人將它帶回歐洲，加入蔗糖成為苦中帶甜的滋味，之後並製造巧克力。許多巧克力大廠都位在歐洲，可可豆原料則來自西非、中南美洲、亞洲、大洋洲等熱帶國家，以象牙海岸生產最多，約占全球39%，其次是迦納、印尼。可可豆亦能製成可可粉、可可脂，或加工成化妝品、防曬油、奶油、果凍，並可釀酒。

　　台灣於日治時代引進試種，嘉義以南、台東栽培均能開花結果，但因缺乏製造巧克力的技術，長期以來巧克力均靠進口，連同可可粉、可可脂等每年需求量約2萬公噸。屏東的邱姓農友是台灣第一位自己種植、製造巧克力、可可飲料的達人，並帶動整個屏東的可可產業，相關產品很受遊客的歡迎。

果色、大小因品種而異。

種子排成5列，外層為假種皮。

堅硬的厚殼。

去膜的種子。

果面有稜。

種子乾燥後即為可可豆。

嫩葉紅褐色。

葉片全緣，長20至30公分。

著生於樹枝幹

可可未熟果

· **識別重點** 常綠喬木，高3至8公尺。葉片互生，全緣，長20至30公分。幹生花，花萼、花瓣各5枚。果實有10個稜，內藏30至40個肉囊，肉囊內各有1粒種子。

· **別名** 巧克力樹、可哥。

· **英文名** Cacao、Cocoa、Chocolate Tree、Cocoa-tree。

大花可可（*Theobroma grandiflorum*）栽培較少，其可可豆可製白巧克力（新加坡）。

大花可可結果（新加坡植物園）。

幹生花，3至6朵下垂狀，常靠果蠅等小昆蟲授粉。

成熟的果實為橙黃色或紅色。

高級精緻巧克力多半來自歐洲。

西印度櫻桃屬	*Muntingia calabura*	產期　全年，夏天較多 花期　全年，春季較多	中南部野生或零星栽培

西印度櫻桃

　　原產於墨西哥南部至熱帶美洲，為墨西哥市場有售的水果之一。模式標本採自牙買加，也稱為牙買加櫻桃。美國西南部、夏威夷、東南亞、印度、肯亞等熱帶地區多有引進。果實甜蜜，常因小鳥、蝙蝠取食排便散播種子故四處歸化。早年由日本人自南洋引進，台灣中南部平地路旁向陽處常見野生，又稱為南美假櫻桃，中國稱為文丁果。

　　植株頗耐寒，海拔700公尺山區也能正常開花結果。紅熟的果實香甜似冬瓜露，台語俗稱「螺李」（可能為菲律賓語ratile的譯音），種子細小可直接吞食，為農村常見的野果，亦可製果汁、果醬。可摘取紅熟鮮果或撿拾落果食用，但不耐貯運。樹冠開垂如傘狀，可當庭園、工廠、田埂遮蔭、觀賞兼誘鳥樹。

　　速生樹種，2年內可長到4公尺高，木材可打製紙漿，樹皮堅韌可剝製麻繩。在醫學上，花朵萃取物可抗痙攣、減輕頭痛、安神及發汗；葉片萃取物可降血脂、血壓，是一種具開發價值的多用途植物。

切開果實，可見密佈的種子，但不影響口感。

葉片互生，具黏性。

結果枝。

鋸齒緣。

- **識別重點** 常綠小喬木，高3至6公尺，常具水平分枝。單葉，互生，基部歪斜，長5至9公分，主脈3至5。花5瓣，白色，單生或成對腋生，雄蕊黃色，午後即凋謝。漿果，成熟時紅色。種子細小，數百粒。
- **別名** 文丁果、印度櫻桃、麗李、南美假櫻桃。
- **英文名** Indian Cherry、Strawberry Tree、Singapore Cherry、Jamaica Cherry、Panama Berry。

漿果下垂狀，成熟時紅色，甜而多汁。

幾乎全年開花結果。

葉片先端漸尖，觸摸時會黏手。

花朵似草莓，雄蕊數十枚，也稱為草莓樹。

花瓣很薄，易凋謝。

葡萄屬	1.歐洲葡萄：*Vitis vinifera* 2.美洲葡萄：*Vitis labrusca*	產期 6～8月、12～2月為主 花期 3～4月、9～10月	彰化、台中、南投、苗栗 （以上為超過500公頃）。

葡萄

　　可分為歐洲葡萄、美洲葡萄、雜交種三大類。有一萬多個品種，產量第二大的落葉果樹，但約有八成用來釀酒，以義大利、西班牙、法國生產最多；其次是製葡萄乾；鮮食或製葡萄汁的比例較低。2010年起中國的葡萄產量已躍居世界第一，並逐漸拉開與義大利、美國的差距；智利是最大的葡萄出口國。

　　台灣的葡萄主要栽培於大安溪、大甲溪、濁水溪沿岸，以鮮食用「巨峰」品種為主，為日本育成的雜交四倍體品種，易剝皮，甜度高。除供內需，並少量外銷中國、日本、東南亞。釀酒品種如金香、黑后於台中、彰化也有少量生產，果實較小，適合釀造白、紅葡萄酒，亦可鮮食但果肉較酸。葡萄乾用品種的果皮薄、含糖量高、果串鬆散易於乾燥，台灣並無栽培，市售的葡萄乾主要從美國、智利進口，為天然的補鐵食品。

　　在溫帶地區，葡萄春天開花秋天成熟，一年僅能一收。台灣因氣候溫暖，生長季較長，藉由修剪與催芽，夏、冬各可收成一次，設施栽培更可提前或延遲採收，因此幾乎終年生產，貿易商並從美國、智利、南非等進口冷藏鮮果，因此一年四季都可嘗鮮。

簡易溫（網）室栽培，可於早春季節生產葡萄。

日本的晴王麝香葡萄，無種子（日本函館）。

加州的無籽葡萄（美國加州棕櫚沙漠）。

美國加州進口的無籽葡萄。

紅香妃　　　綠香妃　　　黑玫瑰

中國新疆的葡萄乾，品質口感佳。

- **識別重點** 多年生落葉性藤本，葉片與卷鬚對生，略呈掌狀，鋸齒緣。圓錐花序，兩性花，黃綠色，5瓣。漿果聚生成串。種子1至4粒或無籽。
- **別名** 草龍珠、菩提子、蒲陶、葡桃、紫陽櫻桃。
- **英文名** Grape。

葡萄開花，花瓣易脫落。

金香品種，成熟時黃白色，適合釀白葡萄酒。

黑后品種，成熟時紫黑色，適合釀紅葡萄酒、製果汁。

日本的甲州葡萄品種，適合生食（日本山梨縣）。

中興大學的葡萄園，生產的有機葡萄十分搶手。

南投縣信義鄉的巨峰葡萄。

世界水果產季表

物種名稱		產季											
奇異果		1	2	3	4	5	6	7	8	9	10	11	12
腰果		1	2	3	4	5	6	7	8	9	10	11	12
芒果		1	2	3	4	5	6	7	8	9	10	11	12
		1	2	3	4	5	6	7	8	9	10	11	12
開心果		1	2	3	4	5	6	7	8	9	10	11	12
太平洋榅桲		1	2	3	4	5	6	7	8	9	10	11	12
鳳梨釋迦		1	2	3	4	5	6	7	8	9	10	11	12
羅林果		1	2	3	4	5	6	7	8	9	10	11	12
釋迦		1	2	3	4	5	6	7	8	9	10	11	12
冷子番荔枝		1	2	3	4	5	6	7	8	9	10	11	12
圓滑番荔枝		1	2	3	4	5	6	7	8	9	10	11	12
山刺番荔枝		1	2	3	4	5	6	7	8	9	10	11	12
刺番荔枝		1	2	3	4	5	6	7	8	9	10	11	12
牛心梨		1	2	3	4	5	6	7	8	9	10	11	12
卡利撒		1	2	3	4	5	6	7	8	9	10	11	12
檳榔		1	2	3	4	5	6	7	8	9	10	11	12
椰子		1	2	3	4	5	6	7	8	9	10	11	12
海棗		1	2	3	4	5	6	7	8	9	10	11	12
蛇皮果		1	2	3	4	5	6	7	8	9	10	11	12
榛果		1	2	3	4	5	6	7	8	9	10	11	12
猢猻木		1	2	3	4	5	6	7	8	9	10	11	12
榴槤		1	2	3	4	5	6	7	8	9	10	11	12
馬拉巴栗		1	2	3	4	5	6	7	8	9	10	11	12
鳳梨		1	2	3	4	5	6	7	8	9	10	11	12
橄欖		1	2	3	4	5	6	7	8	9	10	11	12
爪哇橄欖		1	2	3	4	5	6	7	8	9	10	11	12
菲島橄欖		1	2	3	4	5	6	7	8	9	10	11	12
木瓜		1	2	3	4	5	6	7	8	9	10	11	12
四照花		1	2	3	4	5	6	7	8	9	10	11	12
六角柱與仙人掌果		1	2	3	4	5	6	7	8	9	10	11	12
火龍果	白肉種	1	2	3	4	5	6	7	8	9	10	11	12
	紅肉種	1	2	3	4	5	6	7	8	9	10	11	12
西瓜		1	2	3	4	5	6	7	8	9	10	11	12
甜瓜	東方甜瓜	1	2	3	4	5	6	7	8	9	10	11	12
	洋香瓜	1	2	3	4	5	6	7	8	9	10	11	12

產期以　　色塊表示，盛產期以　　色塊表。

物種名稱		產季											
柿子	牛心柿	1	2	3	4	5	6	7	8	9	10	11	12
	石柿	1	2	3	4	5	6	7	8	9	10	11	12
	四周柿	1	2	3	4	5	6	7	8	9	10	11	12
	甜柿	1	2	3	4	5	6	7	8	9	10	11	12
毛柿		1	2	3	4	5	6	7	8	9	10	11	12
錫蘭橄欖		1	2	3	4	5	6	7	8	9	10	11	12
蔓越莓		1	2	3	4	5	6	7	8	9	10	11	12
藍莓		1	2	3	4	5	6	7	8	9	10	11	12
石栗		1	2	3	4	5	6	7	8	9	10	11	12
西印度醋栗		1	2	3	4	5	6	7	8	9	10	11	12
油柑		1	2	3	4	5	6	7	8	9	10	11	12
羅望子		1	2	3	4	5	6	7	8	9	10	11	12
栗子		1	2	3	4	5	6	7	8	9	10	11	12
羅比梅與同屬水果		1	2	3	4	5	6	7	8	9	10	11	12
銀杏		1	2	3	4	5	6	7	8	9	10	11	12
甘蔗	生食用甘蔗	1	2	3	4	5	6	7	8	9	10	11	12
	製糖用甘蔗	1	2	3	4	5	6	7	8	9	10	11	12
爪哇鳳果		1	2	3	4	5	6	7	8	9	10	11	12
山鳳果		1	2	3	4	5	6	7	8	9	10	11	12
山竹		1	2	3	4	5	6	7	8	9	10	11	12
蛋樹		1	2	3	4	5	6	7	8	9	10	11	12
七葉樹		1	2	3	4	5	6	7	8	9	10	11	12
美洲胡桃		1	2	3	4	5	6	7	8	9	10	11	12
核桃		1	2	3	4	5	6	7	8	9	10	11	12
木通果		1	2	3	4	5	6	7	8	9	10	11	12
酪梨		1	2	3	4	5	6	7	8	9	10	11	12
猴胡桃與巴西栗		1	2	3	4	5	6	7	8	9	10	11	12
大果黃褥花		1	2	3	4	5	6	7	8	9	10	11	12
洛神葵		1	2	3	4	5	6	7	8	9	10	11	12
蘭撒果		1	2	3	4	5	6	7	8	9	10	11	12
山陀兒		1	2	3	4	5	6	7	8	9	10	11	12
麵包樹		1	2	3	4	5	6	7	8	9	10	11	12
波羅蜜		1	2	3	4	5	6	7	8	9	10	11	12
小波羅蜜		1	2	3	4	5	6	7	8	9	10	11	12
無花果		1	2	3	4	5	6	7	8	9	10	11	12
愛玉子		1	2	3	4	5	6	7	8	9	10	11	12
桑椹		1	2	3	4	5	6	7	8	9	10	11	12

物種名稱		產季											
香蕉		1	2	3	4	5	6	7	8	9	10	11	12
楊梅		1	2	3	4	5	6	7	8	9	10	11	12
嘉寶果		1	2	3	4	5	6	7	8	9	10	11	12
番石榴		1	2	3	4	5	6	7	8	9	10	11	12
草莓番石榴		1	2	3	4	5	6	7	8	9	10	11	12
肯氏蒲桃		1	2	3	4	5	6	7	8	9	10	11	12
蒲桃		1	2	3	4	5	6	7	8	9	10	11	12
馬來蓮霧		1	2	3	4	5	6	7	8	9	10	11	12
蓮霧		1	2	3	4	5	6	7	8	9	10	11	12
鳳梨番石榴與同科水果		1	2	3	4	5	6	7	8	9	10	11	12
油橄欖		1	2	3	4	5	6	7	8	9	10	11	12
木胡瓜		1	2	3	4	5	6	7	8	9	10	11	12
楊桃		1	2	3	4	5	6	7	8	9	10	11	12
百香果		1	2	3	4	5	6	7	8	9	10	11	12
		紫百香果：2～8月　黃百香果：7～2月　台農1號：5～1月											
甜百香果		1	2	3	4	5	6	7	8	9	10	11	12
松子		1	2	3	4	5	6	7	8	9	10	11	12
澳洲胡桃		1	2	3	4	5	6	7	8	9	10	11	12
安石榴		1	2	3	4	5	6	7	8	9	10	11	12
枳椇		1	2	3	4	5	6	7	8	9	10	11	12
紅棗		1	2	3	4	5	6	7	8	9	10	11	12
印度棗		1	2	3	4	5	6	7	8	9	10	11	12
山楂		1	2	3	4	5	6	7	8	9	10	11	12
榲桲		1	2	3	4	5	6	7	8	9	10	11	12
枇杷		1	2	3	4	5	6	7	8	9	10	11	12
草莓		1	2	3	4	5	6	7	8	9	10	11	12
蘋果		1	2	3	4	5	6	7	8	9	10	11	12
李		1	2	3	4	5	6	7	8	9	10	11	12
杏		1	2	3	4	5	6	7	8	9	10	11	12
巴旦杏		1	2	3	4	5	6	7	8	9	10	11	12
梅		1	2	3	4	5	6	7	8	9	10	11	12
桃	脆桃	1	2	3	4	5	6	7	8	9	10	11	12
	平地水蜜桃	1	2	3	4	5	6	7	8	9	10	11	12
	水蜜桃	1	2	3	4	5	6	7	8	9	10	11	12
櫻桃		1	2	3	4	5	6	7	8	9	10	11	12
西洋梨		1	2	3	4	5	6	7	8	9	10	11	12
東方梨	橫山梨	1	2	3	4	5	6	7	8	9	10	11	12
	高接梨	1	2	3	4	5	6	7	8	9	10	11	12
覆盆子與黑莓		1	2	3	4	5	6	7	8	9	10	11	12
咖啡		1	2	3	4	5	6	7	8	9	10	11	12
白柿		1	2	3	4	5	6	7	8	9	10	11	12

物種名稱		產季											
柚子		1	2	3	4	5	6	7	8	9	10	11	12
萊姆		1	2	3	4	5	6	7	8	9	10	11	12
檸檬		1	2	3	4	5	6	7	8	9	10	11	12
佛手柑		1	2	3	4	5	6	7	8	9	10	11	12
葡萄柚		1	2	3	4	5	6	7	8	9	10	11	12
椪柑		1	2	3	4	5	6	7	8	9	10	11	12
橙類	柳橙	1	2	3	4	5	6	7	8	9	10	11	12
	晚崙西亞	1	2	3	4	5	6	7	8	9	10	11	12
	臍橙	1	2	3	4	5	6	7	8	9	10	11	12
茂谷柑		1	2	3	4	5	6	7	8	9	10	11	12
桶柑		1	2	3	4	5	6	7	8	9	10	11	12
其他柑橘屬水果	台灣香檬	1	2	3	4	5	6	7	8	9	10	11	12
	溫州蜜柑	1	2	3	4	5	6	7	8	9	10	11	12
	弗利蒙柑	1	2	3	4	5	6	7	8	9	10	11	12
	明尼橘柚	1	2	3	4	5	6	7	8	9	10	11	12
	艷陽柑	1	2	3	4	5	6	7	8	9	10	11	12
四季橘		1	2	3	4	5	6	7	8	9	10	11	12
黃皮		1	2	3	4	5	6	7	8	9	10	11	12
金柑		1	2	3	4	5	6	7	8	9	10	11	12
枳殼		1	2	3	4	5	6	7	8	9	10	11	12
龍眼		1	2	3	4	5	6	7	8	9	10	11	12
荔枝		1	2	3	4	5	6	7	8	9	10	11	12
紅毛丹		1	2	3	4	5	6	7	8	9	10	11	12
台東龍眼		1	2	3	4	5	6	7	8	9	10	11	12
星蘋果		1	2	3	4	5	6	7	8	9	10	11	12
神祕果		1	2	3	4	5	6	7	8	9	10	11	12
蛋黃果		1	2	3	4	5	6	7	8	9	10	11	12
人心果		1	2	3	4	5	6	7	8	9	10	11	12
黃晶果		1	2	3	4	5	6	7	8	9	10	11	12
麻米蛋黃果		1	2	3	4	5	6	7	8	9	10	11	12
醋栗		1	2	3	4	5	6	7	8	9	10	11	12
穗醋栗		1	2	3	4	5	6	7	8	9	10	11	12
樹番茄		1	2	3	4	5	6	7	8	9	10	11	12
番茄		1	2	3	4	5	6	7	8	9	10	11	12
祕魯苦蘵		1	2	3	4	5	6	7	8	9	10	11	12
南美香瓜茄		1	2	3	4	5	6	7	8	9	10	11	12
可樂果		赤道區可全年結果，中國海南為 8 ～ 9 月											
蘋婆		1	2	3	4	5	6	7	8	9	10	11	12
可可		1	2	3	4	5	6	7	8	9	10	11	12
西印度櫻桃		1	2	3	4	5	6	7	8	9	10	11	12
葡萄		1	2	3	4	5	6	7	8	9	10	11	12

2017年 世界水果收穫面積與排名（資料來源：FAO，20190729）

水果別	總收穫面積(公頃)	1	2	3	4	5
巴旦杏	1,925,885	西班牙	美國	突尼西亞	摩洛哥	敘利亞
蘋果	4,934,047	中國	印度	俄羅斯	波蘭	土耳其
杏	536,074	土耳其	阿爾及利亞	烏茲別克	巴基斯坦	阿富汗
檳榔	955,504	印度	孟加拉	印尼	緬甸	台灣
酪梨	587,276	墨西哥	秘魯	哥倫比亞	智利	印尼
香蕉	5,637,508	印度	坦尚尼亞	巴西	盧安達	菲律賓
漿果	110,675	巴布亞新幾內亞	越南	波蘭	墨西哥	土耳其
藍莓	109,539	加拿大	美國	波蘭	秘魯	墨西哥
巴西栗	11,752	祕魯	—	—	—	—
腰果	5,985,361	象牙海岸	印度	坦尚尼亞	印尼	巴西
腰蘋果	549,047	巴西	馬利	馬達加斯加	蓋亞那	—
櫻桃	425,749	土耳其	敘利亞	美國	義大利	西班牙
酸櫻桃	188,887	俄羅斯	波蘭	土耳其	烏克蘭	塞爾維亞
栗子	603,077	中國	玻利維亞	土耳其	葡萄牙	希臘
可可豆	11,748,129	象牙海岸	印尼	迦納	奈及利亞	喀麥隆
椰子	12,338,606	菲律賓	印尼	印度	坦尚尼亞	斯里蘭卡
咖啡豆	10,840,132	巴西	印尼	象牙海岸	哥倫比亞	衣索比亞
蔓越莓	41,084	美國	智利	加拿大	亞塞拜然	烏克蘭
穗醋栗	115,549	俄羅斯	波蘭	烏克蘭	法國	英國
海棗	1,329,973	伊拉克	伊朗	阿爾及利亞	巴基斯坦	阿拉伯聯合大公國
無花果	315,527	摩洛哥	伊朗	土耳其	阿爾及利亞	埃及
柑橘類	1,415,641	奈及利亞	中國	印度	幾內亞	墨西哥
新鮮水果	5,634,610	印度	中國	緬甸	越南	伊朗
仁果類	9,270	烏茲別克	烏克蘭	—	—	—
核果類	107,189	中國	亞美尼亞	伊朗	阿爾及利亞	烏茲別克
熱帶新鮮水果	3,395,607	中國	泰國	印度	菲律賓	印尼
醋栗	29,438	德國	俄羅斯	波蘭	立陶宛	烏克蘭

水果別	總收穫面積（公頃）	1	2	3	4	5
葡萄柚、柚子	438,211	中國	越南	泰國	美國	蘇丹
葡萄	6,931,355	西班牙	中國	法國	義大利	土耳其
榛果	672,221	土耳其	義大利	亞塞拜然	伊朗	美國
奇異果	247,794	中國	義大利	紐西蘭	伊朗	希臘
可樂果	548,904	奈及利亞	喀麥隆	迦納	象牙海岸	獅子山
檸檬、萊姆	1,084,509	印度	墨西哥	中國	阿根廷	巴西
芒果、山竹、番石榴	5,681,312	印度	中國	泰國	印尼	菲律賓
甜瓜	1,220,995	中國	土耳其	伊朗	阿根廷	印度
堅果	717,305	印尼	美國	墨西哥	衣索比亞	中國
油橄欖	10,804,826	西班牙	突尼西亞	義大利	摩洛哥	希臘
橙類	3,862,451	巴西	印度	中國	墨西哥	美國
木瓜	440,630	印度	奈及利亞	孟加拉	巴西	墨西哥
桃子、油桃	1,528,026	中國	西班牙	義大利	土耳其	美國
梨	1,385,628	中國	印度	義大利	阿爾及利亞	土耳其
柿子	1,074,793	中國	南韓	日本	西班牙	亞塞拜然
鳳梨	1,098,704	奈及利亞	印度	泰國	中國	菲律賓
開心果	770,863	伊朗	美國	土耳其	敘利亞	突尼西亞
大蕉等	5,522,744	剛果民主共和國	烏干達	奈及利亞	象牙海岸	哥倫比亞
李子和黑刺李	2,619,469	中國	塞爾維亞	羅馬尼亞	波士尼亞與赫塞哥維納	俄羅斯
榲桲	91,117	中國	伊朗	土耳其	烏茲別克	摩洛哥
覆盆子	118,218	波蘭	塞爾維亞	俄羅斯	美國	墨西哥
草莓	395,842	中國	波蘭	俄羅斯	美國	土耳其
甘蔗	25,976,935	巴西	印度	中國	泰國	巴基斯坦
橘子、寬皮柑、蜜柑等	2,565,119	中國	西班牙	摩洛哥	土耳其	巴基斯坦
番茄	4,848,384	中國	印度	奈及利亞	土耳其	埃及
核桃	1,099,700	中國	美國	墨西哥	土耳其	伊朗
西瓜	3,477,285	中國	伊朗	俄羅斯	巴西	土耳其

2017年 世界水果產量與排名（資料來源：FA, 20190729）

水果別	總產量（公噸）	1	2	3	4	5
巴旦杏	2,239,697	美國	西班牙	摩洛哥	伊朗	土耳其
蘋果	83,139,327	中國	美國	土耳其	波蘭	印度
杏	4,257,244	土耳其	烏茲別克	義大利	阿爾及利亞	伊朗
檳榔	1,337,115	印度	緬甸	印尼	孟加拉	台灣
酪梨	5,924,398	墨西哥	多明尼加	祕魯	印尼	哥倫比亞
香蕉	113,918,760	印度	中國	印尼	巴西	厄瓜多
漿果	1,013,497	墨西哥	越南	巴布亞新幾內亞	土耳其	中國
藍莓	596,814	美國	加拿大	祕魯	墨西哥	西班牙
巴西栗	84,089	巴西	玻利維亞	象牙海岸	祕魯	－
腰果	3,971,044	越南	印度	象牙海岸	菲律賓	坦尚尼亞
腰蘋果	1,404,002	巴西	馬利	馬達加斯加	蓋亞那	－
櫻桃	2,443,409	土耳其	美國	伊朗	烏茲別克	智利
酸櫻桃	1,199,940	俄羅斯	土耳其	烏克蘭	美國	伊朗
栗子	2,327,496	中國	玻利維亞	土耳其	南韓	義大利
可可豆	5,201,110	象牙海岸	迦納	印尼	奈及利亞	喀麥隆
椰子	60,773,431	印尼	菲律賓	印度	斯里蘭卡	巴西
咖啡豆	9,212,168	巴西	越南	哥倫比亞	印尼	宏都拉斯
蔓越莓	625,180	美國	加拿大	智利	土耳其	亞塞拜然
穗醋栗	578,347	俄羅斯	波蘭	烏克蘭	英國	德國
海棗	8,166,014	埃及	伊朗	阿爾及利亞	沙烏地阿拉伯	伊拉克
無花果	1,152,797	土耳其	埃及	摩洛哥	阿爾巴尼亞	伊朗
柑橘類	13,590,636	中國	奈及利亞	印度	伊朗	哥倫比亞
新鮮水果	33,630,676	印度	越南	中國	緬甸	印尼
仁果類	54,686	烏茲別克	烏克蘭	－	－	－
核果類	829,572	中國	亞美尼亞	伊朗	阿爾及利亞	烏茲別克
熱帶新鮮水果	23,752,873	印度	中國	菲律賓	印尼	泰國
醋栗	169,370	德國	俄羅斯	波蘭	烏克蘭	英國

水果別	總產量（公噸）	1	2	3	4	5
葡萄柚、柚子	9,063,144	中國	美國	越南	墨西哥	印度
葡萄	74,276,583	中國	義大利	美國	法國	西班牙
榛果	1,006,178	土耳其	義大利	亞塞拜然	美國	中國
奇異果	4,038,871	中國	義大利	紐西蘭	伊朗	希臘
可樂果	272,067	奈及利亞	象牙海岸	喀麥隆	迦納	獅子山
檸檬、萊姆	17,218,169	墨西哥	印度	中國	阿根廷	巴西
芒果、山竹、番石榴	50,649,143	印度	中國	泰國	印尼	墨西哥
甜瓜	31,948,352	中國	土耳其	伊朗	埃及	印度
堅果	1,005,245	印度	美國	墨西哥	印尼	衣索比亞
油橄欖	20,872,785	西班牙	希臘	義大利	土耳其	摩洛哥
橙類	73,313,090	巴西	中國	印度	墨西哥	美國
木瓜	13,016,281	印度	巴西	墨西哥	印尼	多明尼加
桃子、油桃	24,665,208	中國	西班牙	義大利	希臘	美國
梨	24,168,306	中國	阿根廷	義大利	美國	土耳其
柿子	5750,367	中國	西班牙	南韓	日本	巴西
鳳梨	2,7402,959	哥斯大黎加	菲律賓	巴西	泰國	印度
開心果	1,115,066	伊朗	美國	中國	土耳其	敘利亞
大蕉等	39,241,377	剛果民主共和國	喀麥隆	迦納	哥倫比亞	烏干達
李子和黑刺李	11,758,134	中國	羅馬尼亞	美國	塞爾維亞	伊朗
榅桲	692,263	土耳其	中國	烏茲別克	伊朗	摩洛哥
覆盆子	812,736	俄羅斯	墨西哥	塞爾維亞	美國	波蘭
草莓	9,223,814	中國	美國	墨西哥	埃及	土耳其
甘蔗	1,841,528,388	巴西	印度	中國	美國	巴基斯坦
橘子、寬皮柑、蜜柑等	33,414,126	中國	西班牙	土耳其	摩洛哥	埃及
番茄	182,301,400	中國	印度	土耳其	美國	埃及
核桃	3,829,626	中國	美國	伊朗	土耳其	摩洛哥
西瓜	118,413,465	中國	伊朗	土耳其	巴西	烏茲別克

2016年 世界水果產值與排名 （資料來源：FAO，20190930）

水果別	總產值(千美金)	1	2	3	4	5
巴旦杏	9,485,309	美國	西班牙	伊朗	摩洛哥	敘利亞
蘋果	37,778,891	中國	美國	波蘭	土耳其	印度
杏	2,183,597	土耳其	烏茲別克	伊朗	阿根廷	義大利
檳榔	2,121,350	印度	緬甸	孟加拉	台灣	印尼
酪梨	3,857,739	墨西哥	多明尼加	祕魯	高倫比亞	印尼
香蕉	31,903,245	印度	中國	印尼	巴西	厄瓜多
漿果	1,714,607	墨西哥	越南	巴布亞新幾內亞	義大利	土耳其
藍莓	1,398,661	美國	加拿大	墨西哥	波蘭	德國
巴西栗	107,003	玻利維亞	巴西	象牙海岸	祕魯	–
腰果	4,287,467	越南	奈及利亞	印度	象牙海岸	菲律賓
腰蘋果	1,813,214	巴西	馬達加斯加	馬利	蓋亞那	–
櫻桃	2,946,752	土耳其	美國	伊朗	智利	烏茲別克
酸櫻桃	841,569	俄羅斯	波蘭	土耳其	烏克蘭	美國
栗子	1,758,795	中國	玻利維亞	土耳其	南韓	義大利
可可豆	4,638,483	象牙海岸	迦納	印尼	喀麥隆	奈及利亞
椰子	6,559,988	印尼	菲律賓	印度	巴西	斯里蘭卡
咖啡豆	10,030,089	巴西	越南	哥倫比亞	印尼	衣索比亞
蔓越莓	567,026	美國	加拿大	智利	土耳其	亞塞拜然
穗醋栗	586230	俄羅斯	波蘭	烏克蘭	德國	英國
海棗	4,320,782	埃及	伊朗	阿爾及利亞	沙烏地阿拉伯	阿拉伯聯合大公國
無花果	635,675	土耳其	埃及	阿爾及利亞	伊朗	摩洛哥
柑橘類	6,341,227	中國	奈及利亞	印度	哥倫比亞	伊朗
新鮮水果	11,606,395	印度	越南	中國	緬甸	印尼
仁果類	12,944	烏茲別克	烏克蘭	–	–	–
核果類	660,491	中國	亞美尼亞	伊朗	阿爾及利亞	烏茲別克
熱帶新鮮水果	9883532	印度	中國	菲律賓	印尼	泰國
醋栗	245,373	德國	俄羅斯	波蘭	烏克蘭	英國

水果別	總產值(千美金)	1	2	3	4	5
葡萄柚、柚子	2,040,238	中國	美國	越南	墨西哥	印度
葡萄	4,4265,408	中國	義大利	美國	法國	西班牙
榛果	1,191,690	土耳其	義大利	美國	亞塞拜然	喬治亞
奇異果	3,486,973	中國	義大利	紐西蘭	伊朗	智利
可樂果	164,660	奈及利亞	象牙海岸	喀麥隆	迦納	獅子山
檸檬、萊姆	6,877,817	印度	墨西哥	中國	阿根廷	巴西
芒果、山竹、番石榴	27,866,476	印度	中國	泰國	墨西哥	印尼
甜瓜	5,737,545	中國	土耳其	伊朗	埃及	印度
堅果	1,717,385	中國	美國	墨西哥	印尼	衣索比亞
油橄欖	15,427,540	西班牙	希臘	義大利	土耳其	摩洛哥
橙類	14,144,083	巴西	中國	印度	美國	墨西哥
木瓜	3,703,868	印度	巴西	墨西哥	印尼	多明尼加
桃子、油桃	13,597,118	中國	西班牙	義大利	美國	伊朗
梨	11,179,864	中國	阿根廷	美國	義大利	土耳其
柿子	1,751,657	中國	南韓	西班牙	日本	巴西
鳳梨	7,356,763	哥斯大黎加	巴西	菲律賓	印度	泰國
開心果	3,473,191	美國	伊朗	土耳其	中國	敘利亞
大蕉等	7,239,202	喀麥隆	迦納	烏干達	哥倫比亞	奈及利亞
李子和黑刺李	7,191,532	中國	羅馬尼亞	塞爾維亞	美國	土耳其
榲桲	267,667	烏茲別克	土耳其	中國	伊朗	摩洛哥
覆盆子	1,538,804	俄斯羅	美國	波蘭	墨西哥	塞爾維亞
草莓	12,376,126	中國	美國	墨西哥	埃及	土耳其
甘蔗	62,083,659	巴西	印度	中國	泰國	巴基斯坦
橘子、寬皮柑、蜜柑等	8,100,476	中國	西班牙	土耳其	摩洛哥	埃及
番茄	65,428,482	中國	印度	美國	土耳其	埃及
核桃	5,818,538	中國	美國	伊朗	土耳其	墨西哥
西瓜	13,331,093	中國	土耳其	伊朗	巴西	烏茲別克

2016年 世界水果出口量與排名（資料來源：FAO，20191002）

水果別	總出口量(公噸)	1	2	3	4	5
巴旦杏（帶殼）	—	—	—	—	—	—
巴旦杏（去殼）	755,070	美國	西班牙	澳大利亞	阿拉伯聯合大公國	香港
蘋果	9,043,973	中國	波蘭	義大利	美國	智利
杏	327,364	西班牙	烏茲別克	法國	土耳其	義大利
杏乾	122,734	土耳其	塔吉克	烏茲別克	阿富汗	白俄羅斯
檳榔	—					
酪梨	1,913,709	墨西哥	荷蘭	祕魯	智利	西班牙
香蕉	20,643,309	厄瓜多	哥斯大黎加	瓜地馬拉	哥倫比亞	菲律賓
漿果	—	—	—	—	—	—
藍莓	145,183	美國	加拿大	西班牙	摩洛哥	波蘭
巴西栗（帶殼）	—	—	—	—	—	—
巴西栗（去殼）	39,495	玻利維亞	祕魯	德國	荷蘭	英國
腰果（帶殼）	1,168,719	迦納	象牙海岸	坦尚尼亞	幾內亞比索	布吉納法索
腰果（去殼）	509,120	越南	印度	荷蘭	阿拉伯聯合大公國	巴西
腰蘋果	—	—	—	—	—	—
櫻桃	547,283	智利	香港	土耳其	美國	烏茲別克
酸櫻桃	69,472	匈牙利	塞爾維亞	波蘭	美國	白俄羅斯
栗子	125,066	中國	西班牙	葡萄牙	義大利	土耳其
可可豆	3,256,137	象牙海岸	迦納	奈及利亞	厄瓜多	比利時
椰子	1,038,442	印尼	印度	泰國	越南	馬來西亞
咖啡豆（生）	7,163,157	巴西	越南	哥倫比亞	印尼	德國
咖啡豆（烘焙）	1,181,451	德國	義大利	美國	荷蘭	瑞士
蔓越莓	200,923	智利	加拿大	荷蘭	美國	比利時
穗醋栗	11,696	西班牙	荷蘭	波蘭	丹麥	捷克
海棗	1,163,589	阿拉伯聯合大公國	巴基斯坦	伊拉克	伊朗	突尼西亞
無花果	23,869	奧地利	義大利	西班牙	荷蘭	沙烏地阿拉伯
無花果乾	—					
柑橘類	—	—	—	—	—	—
新鮮水果	2,513,941	越南	泰國	土耳其	香港	埃及
仁果類	—	—	—	—	—	—
核果類	—	—	—	—	—	—
熱帶新鮮水果	867,142	泰國	香港	印尼	中國	美國
醋栗	1,662	波蘭	立陶宛	埃及	台灣	肯亞

水果別	總出口量(公噸)	1	2	3	4	5
葡萄柚、柚子	1,090,304	南非	土耳其	中國	荷蘭	美國
葡萄	4,450,678	智利	義大利	美國	南非	祕魯
葡萄乾	824,977	土耳其	美國	伊朗	烏茲別克	智利
榛果（帶殼）	—	—	—	—	—	—
榛果（去殼）	222,114	土耳其	喬治亞	義大利	亞塞拜然	智利
奇異果	1,676,256	紐西蘭	義大利	智利	希臘	比利時
可樂果	24,219	象牙海岸	迦納	奈及利亞	幾內亞	牙買加
檸檬、萊姆	3,122,982	墨西哥	西班牙	土耳其	阿根廷	南非
芒果、山竹、番石榴	1,672,119	墨西哥	印度	泰國	祕魯	巴西
甜瓜	2,270,374	西班牙	瓜地馬拉	巴西	宏都拉斯	美國
堅果	326,497	美國	香港	南非	澳大利亞	中國
堅果（調製品）	—	—	—	—	—	—
油橄欖	63,011	葡萄牙	西班牙	墨西哥	希臘	約旦
橙類	6,827,107	西班牙	南非	埃及	美國	希臘
木瓜	356,950	墨西哥	瓜地馬拉	巴西	馬來西亞	美國
桃子、油桃	2,157,585	西班牙	義大利	希臘	智利	白俄羅斯
梨	2,717,993	中國	比利時	荷蘭	阿根廷	南非
柿子	494,030	西班牙	亞塞拜然	烏茲別克	中國	立陶宛
鳳梨	3,642,297	哥斯大黎加	菲律賓	荷蘭	比利時	美國
開心果	392,256	美國	伊朗	香港	德國	荷蘭
大蕉等	1,238,019	多明尼加	瓜地馬拉	厄瓜多	哥倫比亞	西班牙
李子和黑刺李	714,359	智利	西班牙	南非	義大利	土耳其
洋李乾	200,511	智利	美國	阿根廷	法國	烏茲別克
榲桲	36,201	土耳其	荷蘭	西班牙	希臘	奧地利
覆盆子	—	—	—	—	—	—
草莓	853,214	西班牙	美國	墨西哥	荷蘭	比利時
甘蔗	—	—	—	—	—	—
橘子、寬皮柑、蜜柑等	5,064,268	西班牙	土耳其	中國	摩洛哥	巴基斯坦
番茄	7,845,697	墨西哥	荷蘭	西班牙	摩洛哥	土耳其
核桃（帶殼）	361,588	美國	墨西哥	智利	法國	香港
核桃（去殼）	255,213	美國	墨西哥	智利	摩爾多瓦	烏克蘭
西瓜	3,549,999	墨西哥	西班牙	義大利	美國	越南

2016年世界水果出口金額與排名（資料來源：FAO，20191002）

水果別	總出口金額(千美金)	1	2	3	4	5
巴旦杏（帶殼）	—	—	—	—	—	—
巴旦杏（去殼）	5,168,343	美國	西班牙	澳大利亞	阿拉伯聯合大公國	香港
蘋果	7,267,183	中國	美國	義大利	智利	法國
杏	422,334	西班牙	法國	義大利	烏茲別克	土耳其
杏乾	374,145	土耳其	德國	法國	美國	烏茲別克
檳榔	—	—	—	—	—	—
酪梨	4,464,264	墨西哥	荷蘭	秘魯	智利	西班牙
香蕉	10,733,790	厄瓜多	瓜地馬拉	哥斯大黎加	比利時	哥倫比亞
漿果	—	—	—	—	—	—
藍莓	744,866	美國	西班牙	加拿大	荷蘭	摩洛哥
巴西栗（帶殼）	—	—	—	—	—	—
巴西栗（去殼）	279,437	玻利維亞	秘魯	德國	荷蘭	英國
腰果（帶殼）	2,190,368	迦納	坦尚尼亞	象牙海岸	幾內亞比索	布吉納法索
腰果（去殼）	3,748,035	越南	印度	荷蘭	德國	巴西
腰蘋果	—	—	—	—	—	—
櫻桃	2,368,808	智利	美國	香港	土耳其	奧地利
酸櫻桃	87,689	美國	匈牙利	西班牙	塞爾維亞	波蘭
栗子	349,918	中國	義大利	葡萄牙	西班牙	土耳其
可可豆	9,613,609	象牙海岸	迦納	厄瓜多	比利時	奈及利亞
椰子	378,728	印尼	印度	泰國	越南	斯里蘭卡
咖啡豆（生）	19,417,449	巴西	越南	哥倫比亞	印尼	德國
咖啡豆（烘焙）	10,597,220	瑞士	義大利	德國	美國	法國
蔓越莓	899,412	智利	荷蘭	加拿大	美國	比利時
穗醋栗	45,800	荷蘭	西班牙	比利時	義大利	波蘭
海棗	1,212,702	突尼西亞	阿拉伯聯合大公國	以色列	沙烏地阿拉伯	巴基斯坦
無花果	72,392	奧地利	荷蘭	巴西	義大利	西班牙
無花果乾	387,052	土耳其	阿富汗	美國	德國	希臘
柑橘類	—	—	—	—	—	—
新鮮水果	2,441,816	越南	泰國	荷蘭	中國	土耳其
仁果類	—	—	—	—	—	—
核果類	—	—	—	—	—	—
熱帶新鮮水果	1,080,124	泰國	香港	中國	美國	澳大利亞
醋栗	1,421	波蘭	埃及	立陶宛	台灣	肯亞

水果別	總出口金額(千美金)	1	2	3	4	5
葡萄柚、柚子	835,481	中國	荷蘭	南非	美國	土耳其
葡萄	7,826,194	智利	美國	義大利	荷蘭	中國
葡萄乾	1,562,843	土耳其	美國	智利	南非	伊朗
榛果(帶殼)	—	—	—	—	—	—
榛果(去殼)	1,896,853	土耳其	義大利	喬治亞	亞塞拜然	智利
奇異果	2,514,461	紐西蘭	義大利	比利時	智利	希臘
可樂果	16,602	奈及利亞	象牙海岸	牙買加	迦納	比利時
檸檬、萊姆	3,520,150	西班牙	墨西哥	荷蘭	土耳其	阿根廷
芒果、山竹、番石榴	2,056,570	墨西哥	荷蘭	印度	秘魯	巴西
甜瓜	1,651,455	西班牙	瓜地馬拉	中國	巴西	荷蘭
堅果	2,125,976	美國	中國	南非	澳大利亞	香港
堅果(調製品)	4,135,984	土耳其	美國	德國	中國	西班牙
油橄欖	69,910	葡萄牙	西班牙	希臘	墨西哥	義大利
橙類	4,644,597	西班牙	美國	南非	埃及	荷蘭
木瓜	276,906	墨西哥	巴西	瓜地馬拉	美國	荷蘭
桃子、油桃	2,173,180	西班牙	義大利	美國	智利	中國
梨	2,449,982	中國	荷蘭	阿根廷	比利時	義大利
柿子	491,261	西班牙	中國	亞塞拜然	烏茲別克	荷蘭
鳳梨	1,985,028	哥斯大黎加	荷蘭	菲律賓	比利時	美國
開心果	2,811,482	美國	伊朗	香港	德國	荷蘭
大蕉等	625,792	多明尼加	厄瓜多	瓜地馬拉	哥倫比亞	西班牙
李子和黑刺李	799,163	智利	西班牙	南非	美國	中國
洋李乾	540,375	美國	智利	阿根廷	法國	德國
榲桲	32,656	荷蘭	土耳其	奧地利	西班牙	希臘
覆盆子	—	—	—	—	—	—
草莓	2,275,248	西班牙	美國	墨西哥	荷蘭	比利時
甘蔗	—	—	—	—	—	—
橘子、寬皮柑、蜜柑等	4,449,332	西班牙	中國	土耳其	摩洛哥	南非
番茄	8,472,259	墨西哥	荷蘭	西班牙	摩洛哥	加拿大
核桃(帶殼)	1,218,144	美國	墨西哥	法國	智利	香港
核桃(去殼)	1,736,902	美國	墨西哥	智利	德國	摩爾多瓦
西瓜	1,429,966	西班牙	墨西哥	美國	義大利	荷蘭

2016年 世界水果進口量與排名　（資料來源：FAO，20191002）

水果別	總進口量(公噸)	1	2	3	4	5
巴旦杏（帶殼）	—	—	—	—	—	—
巴旦杏（去殼）	726,700	西班牙	德國	義大利	法國	香港
蘋果	9,314,270	俄羅斯	德國	白俄羅斯	英國	西班牙
杏	310,432	德國	俄羅斯	哈薩克	義大利	法國
杏乾	122,779	哈薩克	美國	英國	法國	德國
檳榔	—	—	—	—	—	—
酪梨	1,978,307	美國	荷蘭	法國	英國	西班牙
香蕉	20,443,899	美國	德國	俄羅斯	比利時	英國
漿果	—	—	—	—	—	—
藍莓	251,261	美國	加拿大	德國	法國	西班牙
巴西栗（帶殼）	—	—	—	—	—	—
巴西栗（去殼）	40,619	美國	德國	英國	荷蘭	加拿大
腰果（帶殼）	1,113,699	印度	越南	巴西	白俄羅斯	多哥
腰果（去殼）	495,891	美國	荷蘭	德國	阿拉伯聯合大公國	英國
腰蘋果	—	—	—	—	—	—
櫻桃	556,423	中國	香港	俄羅斯	德國	奧地利
酸櫻桃	71,831	德國	俄羅斯	白俄羅斯	奧地利	保加利亞
栗子	121,142	義大利	法國	中國	日本	台灣
可可豆	3,334,385	荷蘭	德國	美國	比利時	馬來西亞
椰子	917,267	中國	泰國	馬來西亞	美國	阿拉伯聯合大公國
咖啡豆（生）	7,203,709	美國	德國	義大利	日本	比利時
咖啡豆（烘焙）	1,119,514	法國	美國	德國	加拿大	荷蘭
蔓越莓	132,672	美國	英國	荷蘭	瑞士	挪威
穗醋栗	18,089	德國	俄羅斯	義大利	英國	法國
海棗	1,131,078	印度	阿拉伯聯合大公國	摩洛哥	孟加拉	法國
無花果	56,671	法國	德國	奧地利	英國	美國
無花果乾	—	—	—	—	—	—
柑橘類	—	—	—	—	—	—
新鮮水果	2,664,343	中國	越南	美國	香港	伊拉克
仁果類	—	—	—	—	—	—
核果類	—	—	—	—	—	—
熱帶新鮮水果	945,302	中國	香港	越南	加拿大	新加坡
醋栗	799	卡達	立陶宛	蒙古	波蘭	荷屬阿魯巴

水果別	總進口量（公噸）	1	2	3	4	5
葡萄柚、柚子	1,047,731	荷蘭	俄羅斯	日本	法國	德國
葡萄	4,287,608	美國	荷蘭	德國	英國	中國
葡萄乾	840,654	英國	德國	哈薩克	荷蘭	中國
榛果（帶殼）	—	—	—	—	—	—
榛果（去殼）	220,385	德國	義大利	法國	加拿大	瑞士
奇異果	1,858,396	西班牙	比利時	中國	德國	日本
可樂果	24,413	布吉納法索	馬利	奈及利亞	尼日	迦納
檸檬、萊姆	3,094,994	美國	荷蘭	俄羅斯	德國	法國
芒果、山竹、番石榴	1,553,593	美國	荷蘭	阿拉伯聯合大公國	越南	英國
甜瓜	2,168,650	美國	荷蘭	法國	加拿大	英國
堅果	428,474	美國	越南	香港	中國	西班牙
堅果（調製品）	—	—	—	—	—	—
油橄欖	70,483	葡萄牙	西班牙	美國	義大利	波蘭
橙類	6,712,524	荷蘭	法國	德國	俄羅斯	英國
木瓜	351,460	美國	新加坡	薩爾瓦多	加拿大	荷蘭
桃子、油桃	2,122,268	德國	俄羅斯	法國	白俄羅斯	波蘭
梨	2,700,086	俄羅斯	德國	英國	巴西	白俄羅斯
柿子	445,395	俄羅斯	哈薩克	德國	越南	白俄羅斯
鳳梨	3,266,661	美國	荷蘭	德國	西班牙	英國
開心果	381,083	香港	越南	德國	中國	阿拉伯聯合大公國
大蕉等	1,220,105	美國	薩爾瓦多	羅馬尼亞	荷蘭	波蘭
李子和黑刺李	716,869	俄羅斯	德國	英國	中國	荷蘭
洋李乾	194,503	美國	俄羅斯	德國	巴西	義大利
榲桲	23,084	俄羅斯	德國	奧地利	羅馬尼亞	法國
覆盆子	—	—	—	—	—	—
草莓	907,021	美國	德國	加拿大	法國	英國
甘蔗	—	—	—	—	—	—
橘子、寬皮柑、蜜柑等	4,993,310	俄羅斯	德國	法國	英國	美國
番茄	7,252,167	美國	德國	法國	俄羅斯	英國
核桃（帶殼）	269,006	土耳其	義大利	越南	墨西哥	香港
核桃（去殼）	213,828	德國	日本	南韓	西班牙	加拿大
西瓜	3,370,631	美國	德國	加拿大	中國	法國

2016年 世界水果進口金額與排名 （資料來源：FAO，20191002）

水果別	總進口金額(千美金)	1	2	3	4	5
巴旦杏（帶殼）	1,350,074	印尼	越南	香港	土耳其	阿拉伯聯合大公國
巴旦杏（去殼）	5,179,315	西班牙	德國	法國	義大利	日本
蘋果	7,876,602	德國	英國	俄羅斯	美國	白俄羅斯
杏	429,330	德國	法國	義大利	奧地利	瑞士
杏乾	394,260	美國	英國	法國	德國	澳大利亞
檳榔	—	—	—	—	—	—
酪梨	4,944,176	美國	荷蘭	法國	英國	日本
香蕉	13,790,571	美國	比利時	俄羅斯	德國	日本
漿果	—	—	—	—	—	—
藍莓	1,536,205	美國	加拿大	德國	荷蘭	西班牙
巴西栗（帶殼）	—	—	—	—	—	—
巴西栗（去殼）	309,348	美國	德國	英國	荷蘭	澳大利亞
腰果（帶殼）	2,673,297	越南	印度	巴西	比利時	白俄羅斯
腰果（去殼）	3,845,410	美國	荷蘭	德國	英國	阿拉伯聯合大公國
腰蘋果	—	—	—	—	—	—
櫻桃	2,555,781	中國	香港	德國	南韓	奧地利
酸櫻桃	77,955	德國	新加坡	白俄羅斯	俄羅斯	奧地利
栗子	343,183	義大利	日本	法國	德國	瑞士
可可豆	10,639,579	荷蘭	德國	美國	比利時	馬來西亞
椰子	432,255	中國	泰國	美國	香港	馬來西亞
咖啡豆（生）	20,084,961	美國	德國	義大利	日本	比利時
咖啡豆（烘焙）	9,937,234	法國	美國	德國	加拿大	荷蘭
蔓越莓	601,211	英國	荷蘭	美國	瑞士	挪威
穗醋栗	56,056	英國	法國	德國	冰島	比利時
海棗	1,244,623	印度	阿拉伯聯合大公國	摩洛哥	法國	英國
無花果	167,583	美國	瑞士	法國	奧地利	德國
無花果乾	349,726	印度	法國	德國	義大利	美國
柑橘類	—	—	—	—	—	—
新鮮水果	2,881,950	中國	越南	荷蘭	美國	香港
仁果類	—	—	—	—	—	—
核果類	—	—	—	—	—	—
熱帶新鮮水果	1,576,845	中國	香港	越南	加拿大	美國
醋栗	2,670	卡達	立陶宛	波蘭	荷屬阿魯巴	賽普勒斯

水果別	總進口金額(千美金)	1	2	3	4	5
葡萄柚、柚子	955,529	荷蘭	日本	俄羅斯	法國	德國
葡萄	8,838,705	美國	荷蘭	德國	英國	中國
葡萄乾	1,636,422	英國	德國	荷蘭	日本	加拿大
榛果(帶殼)	—	—	—	—	—	—
榛果(去殼)	1,960,160	德國	義大利	法國	加拿大	瑞士
奇異果	2,597,559	中國	日本	比利時	德國	西班牙
可樂果	19,236	巴林	美國	布吉納法索	馬利	奈及利亞
檸檬、萊姆	3,877,117	美國	荷蘭	德國	法國	英國
芒果、山竹、番石榴	2,142,585	美國	荷蘭	德國	英國	法國
甜瓜	1,807,222	美國	法國	荷蘭	英國	德國
堅果	2,786,959	美國	香港	越南	中國	德國
堅果(調製品)	4,041,088	德國	美國	加拿大	法國	日本
油橄欖	75,458	義大利	葡萄牙	西班牙	美國	波蘭
橙類	5,033,830	法國	德國	荷蘭	俄羅斯	香港
木瓜	327,686	美國	德國	加拿大	荷蘭	葡萄牙
桃子、油桃	2,343,823	德國	法國	白俄羅斯	英國	俄羅斯
梨	2,580,007	德國	俄羅斯	荷蘭	巴西	英國
柿子	463,640	俄羅斯	越南	德國	白俄羅斯	哈薩克
鳳梨	2,593,514	美國	荷蘭	德國	英國	日本
開心果	2,863,406	香港	德國	越南	義大利	中國
大蕉等	759,458	美國	荷蘭	羅馬尼亞	波蘭	卡達
李子和黑刺李	993,852	中國	荷蘭	英國	香港	德國
洋李乾	542,259	德國	英國	義大利	美國	日本
榅桲	22,711	德國	俄羅斯	奧地利	法國	羅馬尼亞
覆盆子	—	—	—	—	—	—
草莓	2,574,672	美國	加拿大	德國	英國	法國
甘蔗	—	—	—	—	—	—
橘子、寬皮柑、蜜柑等	4,693,317	俄羅斯	德國	法國	美國	英國
番茄	8,567,614	美國	德國	法國	英國	俄羅斯
核桃(帶殼)	843,032	義大利	土耳其	越南	墨西哥	德國
核桃(去殼)	1,401,865	德國	日本	西班牙	南韓	英國
西瓜	1,477,955	美國	德國	加拿大	法國	荷蘭

中英名詞解釋

中文	英文	說　明
二倍體	diploid	具有二套染色體組及兩條性染色體的個體，染色體數以 2n 表示。
人工授粉	artificial pollination	以人工方法將花粉置於雌花的柱頭，達到授粉目的。
人工雜交	artificial crossing	以人為方式幫不同品種的花朵交配，達到雜交目的。
人為馴化	acclimatization	將野生植物培育成作物的過程，或將國外作物引入國內使逐漸適應新環境的方法。
三倍體	triploid	具有三套基本染色體組的個體，染色體數以 3n 表示。其種子大多無法正常發育。
中間砧	interstock	嫁接繁殖時，在接穗 A 品種與砧木 C 品種之間另接一段 B 品種，以克服 A、C 之間不親和的問題。
仁果	pome	又稱梨果。子房下位，食用部位主要為花托。如蘋果、梨。
六月落果	june drop	北半球溫帶果樹於開花授粉後 1 個半月左右的生理落果現象，常因養分競爭等因素引起，大約在 6 月發生。南半球稱為 12 月落果。
冬季修剪	winter pruning	又稱休眠期修剪。包括秋天落葉後至春天萌芽前所做的修剪。可增強新梢的發育、促進側枝的萌發。冬季修剪的葡萄，可於 7-8 月採收夏果。
四倍體	tetraploid	具有四套基本染色體組的個體，染色體數以 4n 表示。
幼年性	juvenility	苗木在具備開花能力之前的營養生長狀態，不論環境條件多麼合適都不能使之開花。如榴槤、山竹、銀杏的幼年期都長於 10 年。
打破休眠	breaking of dormancy	物理或化學方式刺激休眠中的種子、芽體，促使萌發生長的方法。如溫水、低溫、生長調節劑等方式。
瓜果	pepo	子房下位，外果皮成熟時變硬，中果皮及內果皮肉質化，內果皮和胎座常形成漿質。如西瓜。
生長季	growing season	一年中，溫度適合植物生長發育的時期。緯度愈高生長季愈短，熱帶、亞熱帶地區通常較長，也可能全年均為生長季。
生理落果	physiological drop	果樹生長育過程中，由於非機械外力和病蟲危害的作用而造成的大量落果。
休眠	dormancy	植物體、種子或芽體在發育過程中，生長或代謝暫時停頓的現象。大致分為內生型休眠、生態型休眠。
光週性	photoperiodism	每天日照時數長短影響植物生長發育的現象。如影響開花、莖的伸長、地下莖的形成、芽的休眠、葉子的離層。
多倍體	polyploid	染色體數為基本染色體組的二倍以上的個體。
自交不親和性	self-incompatibility	完全花，精卵細胞亦正常，但自己的花粉落在自己的柱頭上無法受精發育的現象。如桃、李、梨、櫻桃。異花授粉或異品種授粉可幫助結果。
自然雜交	natural crossing	生物族群中之個體，非經人為方法而產生的雜交。
低溫需求量	chilling requirement	簡稱 CR。打破落葉果樹內生性休眠所需的低溫時數。其溫度一般為 4-7℃，1 小時稱為 1CU。橫山梨為 120-200CU，幸水梨為 750-1000CU、豐水梨為 1300-1500CU。
冷藏	refrigerated storage	將產品貯放在人工制冷的冷藏庫中，貯藏效果通長比室溫較好。

中文	英文	說　明
更年型果實	climacteric fruit	果實發育成熟至後熟階段，呼吸率會出現高峰現象，乙烯生成量亦大幅增加，之後進入後熟階段。如香蕉、釋迦、奇異果、西洋梨。
育種	breeding	為改良作物之遺傳質，以雜交等方法育成經濟價值較現有品種更高之新栽培型的方法。
果樹	fruit tree	以生產可食用果實為目的而栽培的木本作物，包括果實周邊部位可供食用的樹木，一年生草本如草莓、番茄、西瓜也視為短期果樹。裸子植物如銀杏、松子，食用部位為種子，也被視為果樹。
花芽分化	flower bud differentiation	植物生長到一定階段，受到外在環境（如溫度）影響，由葉芽轉換成花芽的過程。
花粉直感	xenia	植物雜交時，父本的花粉會影響種子性狀表現的現象，例如黃粒玉米的花粉落在白粒玉米的雌花時，結出來的玉米粒會呈黃粒。殼果類大多具有此現象。
長日處理	long-day treatment	利用長於臨界日長之光照處理植株，促進開花的處理方式。
長日植物	long-day plant	日照時數長於一定時間才能開花的植物，亦即夜長小於臨界暗期才能開花的植物，大多屬於溫帶地區晚春或早夏開花的植物。如油橄欖。
非更年型果實	non-climacteric fruit	果實發育成熟至後熟階段，呼吸速率逐漸下降，乙烯生成亦維持在很低之量，後熟作用通常緩慢或不明顯。如柑桔、葡萄、草莓、鳳梨。
後熟	ripening	果實在生理成熟之後衰老之前所發生的物理或化學性質的改變，其組成分、顏色、質地、風味等發生明顯的變化，果實呈現特有之食用品質。
柑果	hesperidium	肉果的一種，子房上位。外果皮軟而厚，富含油胞。中果皮薄，分布有維管束，可與內果皮分離。內果皮形成瓣狀瓤囊。內含種子。如甜橙、文旦。
突變	mutation	染色體中 DNA 數量或結構發生變化，導致生物性狀改變的現象。
夏季修剪	summer pruning	植物生長期中的修剪，自春季萌芽起到秋天落葉為止所做之修剪。可抑制營養生長，促進花芽分化與果實發育。夏季修剪的葡萄，可於 12-1 月採收冬果。
核果	stone fruit、drupe	肉果的一種，外果皮薄，食用部位主要是中果皮，內果皮木質化形成硬核，硬核一或多個，核內有一枚種子。如桃、李、印度棗、荔枝、胡桃。
栽培品種	cultivar	栽培變種。一作物與同種作物具有某一明顯不同的特徵可區分，此特徵並能穩定的留傳於子代，如蘋果之元帥、富士。
氣調貯藏	CA storage	將貯藏環境中的空氣組成經由添加或移除的方式（低氧，高 CO2），達到延長貯藏期的效果。如進口之蘋果，仍須配合低溫。
砧木	stock、rootstock	嫁接時承受接穗的部位，通常位於基部。
草生栽培	sod culture	利用割草或除草劑等，選留某些原生性雜草，或人工種植覆蓋植物、綠肥，使土表保持草生狀態的管理方式。適於坡地、多雨、土壤侵蝕嚴重、缺乏有機質的果園。
逆境	stress	泛指對植物生存與生長不利的各種環境因素，如乾旱、高溫、鹽分。
高接、頂接	top working	在原植株的樹冠層（枝稍）換接其他品種（枝或芽）的嫁接方法，常應用於更換品種或花芽寄接，如葡萄、奇異果、梨（高接梨）。
堅果	nut	果皮堅硬，成熟時乾燥不裂開，含水份較少，富含澱粉和脂肪，內含一枚種子。如板栗。

中文	英文	說　明
常綠果樹	evergreen fruit tree	樹冠層葉片保持常綠，不會集中全部落葉，無明顯的生長期或休眠停頓期。如柑橘、荔枝、龍眼等。
授粉樹	pollinizer	果園中提供花粉，供主要品種授粉用的植株。雌雄異株（如楊梅、奇異果）、自交不親和（如蘋果、梨、李）、無花粉品種（如中津白桃）提高授粉率，需栽植異品種授粉樹。
接穗	scion	嫁接於砧木上的枝或芽。
混合芽	mixed bud	同時含有花芽和葉芽的芽體。如蘋果、梨、枇杷、柑橘、柿、葡萄、荔枝、芒果、栗。
產期調節	production season regulation = forcing culture	以各種栽培管理技術，影響開花及改變生產季節的方法。常見技術如高接、電照、修剪、低溫、植物生長調節劑等。
疏果	fruit thinning	在果實幼小時，將過多的小果疏去一部分，可限制結果數量、調整著果位置並提高品質。如水蜜桃、蘋果。
疏花	flower thinning	摘花。將過多的花朵摘除，可限制結果數量，確保品質。如荔枝、芒果。
脫澀	deastringency	澀柿成熟時果肉中含有水溶性單寧，有很強的澀味。經過浸漬石灰水、酒精等方式處理後，水溶性單寧聚為不溶性單寧，澀味消失。
莢果	pod	乾果中的一種裂果，成熟時可裂成兩片。
設施栽培	protected culture	為了育苗、減少農藥、產期調節、防寒防曬、遮風擋雨等目的，在人為控制的環境內栽培作物以達到品質要求的方法，常見設施如溫室、網室、隧道式 PE 布。
頂芽優勢	apical dominance	頂芽萌發生長時對側芽產生的抑制作用。大多數植物都具有頂芽優勢，但表現的程度和型式因種類而異。
單偽結果	parthenocarpy	單性結實。授粉後未完成受精，子房因生長素刺激而膨大成果實，通常缺少種子或種子缺少胚。如香蕉、無子葡萄、柿子、佛手柑。
短日植物	short-day plant	日照時數短於一定時間才能開花的植物，夜長大於臨界暗期才能開花的植物，大多分布於低緯度熱帶地區，也包括一些溫帶地區早春或晚秋開花的植物。
著果率	fruit set percentage	結果數量與開花總數量的比率。紅棗的自然著果率約 1%。
雄蕊先熟	protandry	雄蕊較雌蕊早成熟。如人心果、印度棗。混植不同開花時間的品種可提高授粉率。
催色	degreening	在控制的溫濕環境下，利用乙烯或類似物處理綠色的果實，使果皮中的葉綠素加速分解，轉變為黃色或橘色。大多針對柑橘，如檸檬、金柑、椪柑。對香蕉、木瓜、芒果而言，催色和催熟的意義相同。
催熟〈處理〉	ripening treatment	在適當溫濕下，利用外加的乙烯或類似物促使更年型果實由綠熟進入後熟，達到適於食用之程度，可使成熟度不齊一的果實同時完熟利於銷售。如香蕉、芒果、木瓜。
嫁接不親和性	graft incompatibility	由於接穗、砧木之間生理或傳遞等因素，嫁接後無法癒合成功，或癒合處異常膨大、易折斷或生長衰退等現象。
溫室	greenhouse	培養植物的設施，覆蓋以透明材質如玻璃、塑膠布以透光，通常可人工條控溫度。
矮化栽培	dwarfing culture	利用嫁接、修剪、施用化學藥劑等方式促使作物低矮化，以利管理、採收或增加觀賞價值。

中文	英文	說　明
矮化砧	dwarf stock	嫁接成活後能使接穗形成矮小樹冠的砧木，可便於管理與採果。如水梨、蘋果常應用。
落葉果樹	deciduous fruit tree	秋冬季節或旱季全樹落葉，有明顯的休眠期，翌春或雨季重新萌芽發葉的果樹。如蘋果、葡萄等。
隔年結果	biennial bearing	果樹前一年結果多，下一年結果少的交替現象。龍眼、荔枝、柿子常發生。
預冷	cooling、precooling	果實採收後至販賣、冷藏或加工前，將田間熱迅速移除的冷卻方法，可保持較佳的品質。如櫻桃常應用。
實生苗	seedling	由種子萌發而長成的苗木。一般根系較發達、生長勢強、樹齡長，但到達開花結果的時間會較遲。
摘葉	defoliating、defoliation	以人工、機械或藥劑去除葉片或促使葉片脫落。
滴灌	trickle irrigation	將水管接引至植物附近，以類似打點滴的方式供應單一植株水分的省水灌溉方式。
種間雜交	interspecific hybridization	同屬不同種之間的雜交。
聚合果	aggregate fruit	集生果。由一朵花中許多個子房發育而成的果實，如草莓、覆盆子。
蒴果	capsule	乾果的一種，成熟時開裂，分為孔裂、蓋裂、室背開裂、室間開裂等。如洛神葵。
蓇葖果	follicle	乾果的一種，成熟時開裂，只有一條裂縫，如蘋婆。
雌雄同株	monoecism	同一植株上，同時著生雄花和雌花兩種單性花。如西瓜。
雌雄異株	dioecism	雄花和雌花分別長在不同植株上，有雄株和雌株之分，如楊梅。
雌雄蕊異熟	dichogamy	一朵花中，雄蕊與雌蕊成熟的時間不一致，可避免自交並促進異交。如酪梨。
雌蕊先熟	protogyny	花朵中雌蕊較雄蕊早成熟。如酪梨、釋迦、柑橘。
漿果	berry	肉果的一種，外果皮為一薄層，成熟後中果皮及內果皮柔軟多汁，含一至數粒小型種子。如番茄、葡萄、奇異果。
複果	multiple fruit、compound fruit	聚花果、多花果。由一整個花序發育而成的果實。如鳳梨、桑椹、無花果。
褐變	browning	果蔬在乾製或貯藏過程中出現變黃、變褐、變黑的現象。如室溫下的荔枝、切開的蘋果、烘焙的咖啡豆、褐色的葡萄乾。
機械採收	mechanical harvesting	以農業機械取代人力、獸力的採收方法。
積溫	accumulated temperature	植物在發育時期內逐日平均溫度累積的總和，可作為植物生育時對熱量需求的指標。
選種、選拔	selection	以自然或人為方式，使某基因型在往後世代中出現機率得以增加的選擇過程。
檢疫	quarantine	為保護國內的農業，防止傳染性蟲害隨著水果進口而傳播蔓延，以法令規定禁止特定的果品（如山竹、紅毛丹）進口，或需經隔離、滅蟲處理才能進口。台灣的芒果需經蒸熱才能出口日本亦屬於檢疫措施。

中名索引

學名索引

世界水果圖鑑

精心設計果形、果色檢索表與產季速查表，
讓你聰明選購當季水果

YN7005

作　　者　郭信厚
責任主編　李季鴻
特約編輯　胡嘉穎、趙建棣
協力編輯　廖于婷
校　　對　黃瓊慧
版面構成　林皓偉
封面設計　林敏煌
影像協力　廖于婷
行銷業務　鄭詠文、陳昱甄
總 編 輯　謝宜英
出 版 者　貓頭鷹出版

國家圖書館出版品預行編目(CIP)資料

世界水果圖鑑（精心設計果形、果色檢索表與產季速查
表，讓你聰明選購當季水果）/ 郭信厚著. -- 初版. -- 臺北
市：貓頭鷹出版：家庭傳媒城邦分公司發行, 2019.11
　　面；17x23公分
ISBN 978-986-262-400-5(平裝)

1.果樹類 2.植物圖鑑

435.3025　　　　　　　　　　　　　108016197

發 行 人　涂玉雲
榮譽社長　陳穎青
發　　行　英屬蓋曼群島商家庭傳媒股份有限公司城邦分公司
　　　　　104台北市中山區民生東路二段141號2樓
　　　　　劃撥帳號：19863813　戶名：書虫股份有限公司
城邦讀書花園：www.cite.com.tw
購書服務信箱：service@readingclub.com.tw
購書服務專線：02-25007718～9（週一至週五上午09:30-12:00；下午13:30-17:00）
24小時傳真專線：02-25001990～1
香港發行所　城邦（香港）出版集團／電話：852-25086231／傳真：852-25789337
馬新發行所　城邦（馬新）出版集團／電話：603-90563833／傳真：603- 90576622
印製廠　中原造像股份有限公司
初 版　2019 年 11 月
定 價　新台幣 930 元／港幣 310 元
ISBN　978-986-262-400-5

讀者意見信箱　owl@cph.com.tw
貓頭鷹知識網　http://www.owls.tw
貓頭鷹　歡迎上網訂購；大量團購請洽專線 (02) 25001919